やりきれるから自信がつく!

✓ **1日1枚の勉強で、学習習慣が定着!**
　◎目標時間にあわせ、負担のない量の問題数で構成されているので、
　「1日1枚」やりきることができます。
　◎教科書に沿っているので、授業の進度に合わせて使うこともできます。

✓ **すべての学習の土台となる「基礎力」が身につく!**
　◎「基礎」が身についていなければ、発展的な学習に進むことはできません。
　スモールステップで構成され、1冊の中でも繰り返し学習していくので、
　確実に「基礎力」を身につけることができます。

✓ **「基本」→「実力アップ」のくり返しで、確実な学力がつく!**
　本書は、基本問題と実力アップ問題で構成されています。基礎を固めてから、
　総合・発展的な問題に挑戦することで、さらに理解を深めることができます。

使い方

① 1日1枚、集中して解きましょう。

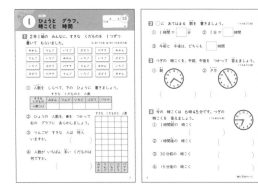

◎「きほん」と「実力アップ」があります。
「きほん」を学習したら、「実力アップ」に進みましょう。

◎1回分は、1枚(表と裏)です。
1枚ずつはがして使うこともできます。

◎目標時間を意識して解きましょう。
ストップウォッチなどで、かかった時間をはかりましょう。

② おうちの方に、答え合わせをしてもらいましょう。

・本の最後に、「答えとアドバイス」があります。

・答え合わせをしてもらったら、
巻頭の「とく点ひょう」に点数を
記入しましょう。

できなかった問題を
解き直すと、
より力がつくよ!

とく点ひょう ▶

とく点を 記入しよう！
50点いじょうなら、☆を 1つ
ぬろう。100点なら、☆を
もう1つ ぬろう。

	学しゅうないよう	とく点	50点いじょう	100点
① きほん	ひょうと グラフ、時こくと 時間	点	☆	☆
② 実力アップ	ひょうと グラフ、時こくと 時間	点	☆	☆
③ きほん	たし算①	点	☆	☆
④ 実力アップ	たし算①	点	☆	☆
⑤ きほん	ひき算①	点	☆	☆
⑥ 実力アップ	ひき算①	点	☆	☆
⑦ きほん	計算の くふう	点	☆	☆
⑧ 実力アップ	計算の くふう	点	☆	☆
⑨ きほん	長 さ	点	☆	☆
⑩ 実力アップ	長 さ	点	☆	☆
⑪ きほん	100を こえる 数①	点	☆	☆
⑫ きほん	100を こえる 数②	点	☆	☆
⑬ 実力アップ	100を こえる 数	点	☆	☆
⑭ きほん	か さ	点	☆	☆
⑮ 実力アップ	か さ	点	☆	☆
⑯ きほん	たし算②	点	☆	☆
⑰ 実力アップ	たし算②	点	☆	☆
⑱ きほん	ひき算②	点	☆	☆
⑲ 実力アップ	ひき算②	点	☆	☆
⑳ きほん	たし算と ひき算の まとめ	点	☆	☆
㉑ 実力アップ	たし算と ひき算の まとめ	点	☆	☆
㉒ きほん	かけ算九九①	点	☆	☆
㉓ きほん	かけ算九九②	点	☆	☆
㉔ 実力アップ	かけ算九九	点	☆	☆
㉕ きほん	九九の ひょうと きまり	点	☆	☆
㉖ 実力アップ	九九の ひょうと きまり	点	☆	☆
㉗ きほん	1000を こえる 数①	点	☆	☆
㉘ きほん	1000を こえる 数②	点	☆	☆
㉙ 実力アップ	1000を こえる 数	点	☆	☆
㉚ きほん	長い 長さ	点	☆	☆
㉛ 実力アップ	長い 長さ	点	☆	☆
㉜ きほん	たし算と ひき算の 文しょうだい①	点	☆	☆
㉝ きほん	たし算と ひき算の 文しょうだい②	点	☆	☆
㉞ 実力アップ	たし算と ひき算の 文しょうだい	点	☆	☆
㉟ きほん	三角形と 四角形	点	☆	☆
㊱ 実力アップ	三角形と 四角形	点	☆	☆
㊲ きほん	はこの 形	点	☆	☆
㊳ きほん	分 数	点	☆	☆
㊴ 実力アップ	はこの 形、分数	点	☆	☆
㊵ テスト	まとめテスト①	点	☆	☆
㊶ テスト	まとめテスト②	点	☆	☆

1 2年1組の みんなに、すきな くだものを 1つずつ
書いて もらいました。

①、②1つ4点、③、④1つ6点【52点】

みかん	りんご	いちご	ぶどう	バナナ	みかん
りんご	いちご	みかん	いちご	いちご	ぶどう
いちご	ぶどう	バナナ	りんご	みかん	いちご
ぶどう	バナナ	りんご	いちご	ぶどう	みかん

① 人数を しらべて、下の ひょうに 書きましょう。

すきな くだものと 人数

すきな くだもの	みかん	りんご	いちご	ぶどう	バナナ
人数(人)					

② ひょうの 人数を、●を つかって
右の グラフに あらわしましょう。

③ りんごが すきな 人は 何人
いますか。

( )

④ 人数が いちばん 多い くだものは
何ですか。

( )

すきな くだものと 人数

みかん	りんご	いちご	ぶどう	バナナ

2 □に あてはまる 数を 書きましょう。　　　　　　　　　1つ4点【12点】

① 1時間 = □ 分　　　② 1日 = □ 時間

③ 午前と　午後は、どちらも □ 時間

3 つぎの　時こくを、午前、午後を　つかって　答えましょう。
　　　　　　　　　　　　　　　　　　　　　　　　　1つ6点【12点】

① 朝

② 夕方

(　　　　　　)　　　(　　　　　　)

4 今の　時こくは　6時45分です。つぎの
時こくを　答えましょう。　　　1つ6点【24点】

① 1時間前の　時こく

(　　　　　　)

② 1時間後の　時こく　　　　　(　　　　　　)

③ 30分前の　時こく　　　　　(　　　　　　)

④ 15分後の　時こく　　　　　(　　　　　　)

4

答え ▶ 85ページ

2 ひょうと グラフ、時こくと 時間

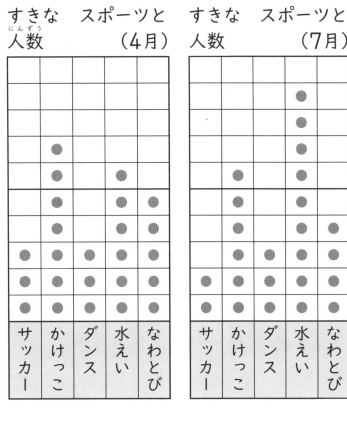

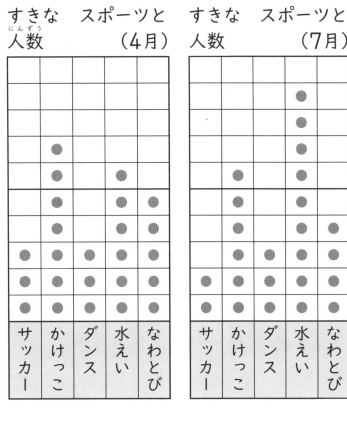

すきな スポーツと 人数 （4月）

すきな スポーツと 人数 （7月）

1 2年1組で、すきな スポーツを 4月と 7月に しらべ、右の ように グラフに あらわしました。

1つ10点【40点】

① 4月で、人数が いちばん 多い スポーツは 何ですか。

（　　　　　　）

② 7月で、かけっこが すきな 人は 何人 いますか。

（　　　　　　）

③ 7月に なって、人数が ふえた スポーツは 何ですか。

（　　　　　　）

④ 4月と 7月で、人数が かわらない スポーツは 何ですか。

（　　　　　　）

2 □に あてはまる 数を 書きましょう。　　　　　　　1つ6点【18点】

① 1時間10分＝ □ 分　② 1時間30分＝ □ 分

③ 100分＝ □ 時間 □ 分

3 つぎの 時こくや 時間を 答えましょう。時こくは、午前、午後を つかって 書きましょう。　　　　　　　1つ10点【30点】

① あの 30分前の 時こく

（　　　　　　　　）

② あから いまでの 時間

（　　　　　　　　）

③ いから 午後3時までの 時間

（　　　　　　　　）

あ（午前）　　　い（午前）

4 ゆうきさんの 家から 公園まで 20分 かかります。公園に 午前9時30分に つくには、おそくとも 家を 何時何分に 出ると よいですか。　　　　　【12点】

（　　　　　　　　）

答え ▶ 85ページ

1 計算を しましょう。

1つ4点【48点】

①
```
  5 2
+ 1 3
```

②
```
  3 4
+ 4 5
```

③
```
  1 7
+ 7 2
```

④
```
  4 0
+ 2 3
```

⑤
```
  5 2
+   6
```

⑥
```
  8 0
+   7
```

⑦
```
  5 8
+ 2 5
```

⑧
```
  1 6
+ 4 8
```

⑨
```
  6 4
+ 1 8
```

⑩
```
  6 3
+ 2 7
```

⑪
```
  7 8
+   9
```

⑫
```
  4 2
+   8
```

2 □の 中に、ひっ算で しましょう。

1つ5点【15点】

① 34＋63

② 59＋26

③ 6＋64

3 つぎの　計算が　正しければ　○を、まちがって　いれば、正しい　答えを　（　）に　書きましょう。

1つ5点【15点】

①
```
   2 6
 + 5 3
 -----
   8 9
```
（　　　　　）

②
```
   1 4
 + 5 7
 -----
   7 1
```
（　　　　　）

③
```
   2 5
 + 4 5
 -----
   6 0
```
（　　　　　）

4 いもほりを　しました。ゆきえさんは　27本、お父さんは　54本　とりました。
2人で　何本　とりましたか。

しき5点、答え5点【10点】

（しき）

答え＿＿＿＿＿＿＿＿＿＿

5 風船を　35こ　くばりました。さらに　9こ　くばりました。
ぜんぶで　何こ　くばりましたか。

しき6点、答え6点【12点】

（しき）

答え＿＿＿＿＿＿＿＿＿＿

答え ▶ 85ページ

4 たし算①

1 □に あてはまる 数を 書きましょう。

□1つ5点【45点】

①
```
    2 3
+   4 □
─────────
    6 8
```

②
```
    1 9
+   3 □
─────────
    5 6
```

③
```
    3 □
+   2 2
─────────
    □ 0
```

④
```
    1 4
+   □ 9
─────────
    4 3
```

⑤
```
    4 5
+   1 □
─────────
    □ 2
```

⑥
```
    3 □
+   □ 7
─────────
    7 5
```

2 たされる数と たす数を 1つずつ えらんで □に 入れ、答えに あう たし算の しきを つくりましょう。

1つ5点【20点】

たされる数	14	29	35	38

たす数	7	13	28	36

① □ + □ = 50　　② □ + □ = 48

③ □ + □ = 57　　④ □ + □ = 45

3 つぎの　6つの　数を　1回ずつ　つかい、たし算の
ひっ算を　3つ　つくりましょう。

1つ5点【15点】

① □□
　+ □□
　――
　□□

② □□
　+ □□
　――
　□□

③ □□
　+ □□
　――
　□□

4 2つ　あわせて　80円に　なるように　買いものを
します。
　どれと　どれを　買えば　よいですか。2組　見つけて、
記ごうで　答えましょう。

1つ5点【10点】

㋐ 35円　　㋑ ゼリー 46円　　㋒ グミ 58円　　㋓ あめ 12円

㋔ ガム 22円　　㋕ いか 55円　　㋖ ラムネ 45円　　㋗ わたあめ 38円

（　　　）と（　　　）、（　　　）と（　　　）

5 1こ　48円の　チョコレートを　2こ　買います。
　だい金は　いくらに　なりますか。

しき5点、答え5点【10点】

（しき）

答え ＿＿＿＿＿＿＿＿

答え ▶ 86ページ

ひき算①

1 計算を しましょう。

1つ4点【48点】

①
```
  5 6
- 3 2
```

②
```
  7 8
- 1 6
```

③
```
  8 9
- 3 2
```

④
```
  9 3
- 5 3
```

⑤
```
  4 6
- 4 0
```

⑥
```
  6 9
-   7
```

⑦
```
  6 3
- 1 9
```

⑧
```
  7 2
- 2 5
```

⑨
```
  9 6
- 1 8
```

⑩
```
  8 0
- 2 8
```

⑪
```
  6 2
- 5 7
```

⑫
```
  8 0
-   5
```

2 □の 中に、ひっ算で しましょう。

1つ4点【12点】

① 87−74

② 58−8

③ 64−7

3 ひっ算で して、答えの たしかめも しましょう。

1つ4点【16点】

① 97−63

┌─ ひっ算 ─┐
│   │
│   │
│   │
└──────────┘

┌─ たしかめ ─┐
│   │
│   │
│   │
└───────────┘

② 72−4

┌─ ひっ算 ─┐
│   │
│   │
│   │
└──────────┘

┌─ たしかめ ─┐
│   │
│   │
│   │
└───────────┘

4 かんジュースが 86本 あります。54本 くばると、のこりは 何本に なりますか。

しき5点、答え5点【10点】

（しき）

答え _____

5 白い ばらが 34本、赤い ばらが 91本 さいて います。赤い ばらは、白い ばらより 何本 多く さいて いますか。

しき7点、答え7点【14点】

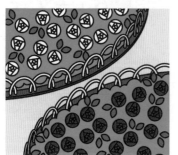

（しき）

答え _____

答え ▶ 86ページ

6 ひき算①

とく点

点

1 □に　あてはまる　数を　書きましょう。

□1つ5点【45点】

①
```
    8 5
  - 1 □
  -----
    7 3
```

②
```
    6 0
  - 3 □
  -----
    2 4
```

③
```
    9 □
  - 4 9
  -----
    □ 3
```

④
```
    □ 1
  - 5 6
  -----
    1 5
```

⑤
```
    8 4
  - 4 □
  -----
    □ 5
```

⑥
```
    9 □
  - □ 5
  -----
    6 8
```

2 ひかれる数と　ひく数を　1つずつ　えらんで　□に
入れ、答えと　あう　ひき算の　しきを　つくりましょう。

1つ5点【20点】

ひかれる数	56	91	60	97

ひく数	24	83	16	65

① □ － □ ＝40　② □ － □ ＝14

③ □ － □ ＝26　④ □ － □ ＝36

13

3 つぎの 6つの 数を 1回ずつ つかい、ひき算の
ひっ算を 3つ つくりましょう。

1つ5点【15点】

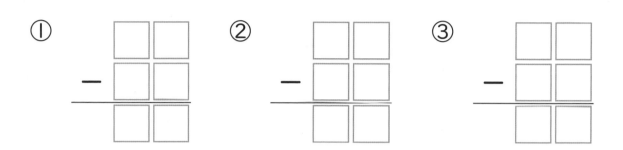

1   2   3   6   8   9

①
②
③

4 じん社の かいだんは 80だん あります。今 52だん
のぼりました。

ぜんぶ のぼるには、あと 何だん のぼれば よいですか。

しき5点、答え5点【10点】

（しき）

答え _____

5 クッキーを、東スーパーでは 88円、西スーパーでは
92円で 売って います。

どちらが いくら やすいですか。

しき5点、答え5点【10点】

（しき）

答え _____

答え ▶ 86ページ

1 □に　あてはまる　数を　書きましょう。 □1つ3点【24点】

① (12+4)+8=□+8=□

② 17+(5+8)=17+□=□

③ 24+(19+11)=24+□=□

④ (26+14)+13=□+13=□

2 答えが　同じに　なる　しきは　どれと　どれですか。

記ごうで　答えましょう。 1つ5点【10点】

① ⑦　7+(8+13)

　 ④　18+(7+13)

　 ⑤　(17+18)+13

　 ⑤　(18+7)+13

(　)と(　)

② ⑦　22+18+6

　 ④　18+16+23

　 ⑤　6+23+16

　 ⑤　22+6+18

(　)と(　)

3 くふうして 計算しましょう。 　　　　　1つ5点【40点】

① 21+9+14 　　　　② 19+8+12

③ 19+23+7 　　　　④ 26+25+5

⑤ 14+16+19 　　　　⑥ 37+27+13

⑦ 12+29+18 　　　　⑧ 19+34+11

4 ゆかりさんは、おり紙を 17まい もって いました。お姉さんから 6まい、お母さんから 14まい もらいました。
　おり紙は、ぜんぶで 何まいに なりましたか。1つの しきに 書いて もとめましょう。　　　　しき7点、答え6点【13点】
（しき）

答え ＿＿＿＿＿＿＿＿＿＿＿

5 クッキーが、かんの 中に 35まい、大きな さらに 18まい、小さな さらに 12まい あります。
　クッキーは、ぜんぶで 何まい ありますか。1つの しきに 書いて もとめましょう。　　　　しき7点、答え6点【13点】
（しき）

答え ＿＿＿＿＿＿＿＿＿＿＿

16

答え ▶ 87ページ

1 計算を　しましょう。　　　　　　　1つ5点【45点】

① 　　23
　　21
　＋40

② 　　33
　　25
　＋11

③ 　　14
　　31
　＋42

④ 　　25
　　11
　＋39

⑤ 　　24
　　30
　＋27

⑥ 　　11
　　46
　＋13

⑦ 　　48
　　16
　＋27

⑧ 　　15
　　28
　＋29

⑨ 　　38
　　14
　＋38

2 □の　中に、ひっ算で　しましょう。　　　1つ5点【15点】

① 16＋40＋42

② 23＋37＋25

③ 19＋59＋14

17

3 □の 中に、ひっ算で しましょう。　　　　　1つ5点【20点】

① 48+24−42

② 77+19−37

③ 80−23+16

④ 71−27−36

4 答えが 同じに なる しきは どれと どれですか。
記ごうで 答えましょう。　　　　　　　　　　【4点】

　⑦　24−15−5
　⑦　24−(15−5)
　⑦　24−(15+5)
　⑦　24+15−5

（　　　）と（　　　）

5 くふうして 計算しましょう。　　　　　1つ4点【16点】

① 63−8−2

② 74−16−4

③ 80−21−9

④ 91−32−18

1 テープの　長さは　何cm何mmですか。　1つ6点【12点】

①

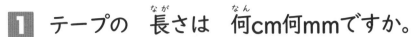

(　　　　　)

②

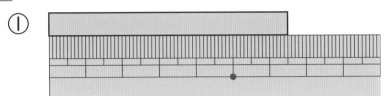

(　　　　　)

2 下の　直線の　長さを　はかって　答えましょう。　1つ6点【12点】

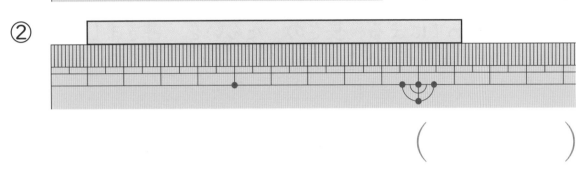

① 直線の　長さは　何cm何mmですか。　(　　　　　)

② 直線の　長さは　何mmですか。　(　　　　　)

3 □に　あてはまる　数を　書きましょう。　1つ5点【20点】

① 2cm = □ mm　　② 5cm4mm = □ mm

③ 40mm = □ cm　　④ 78mm = □ cm □ mm

4 つぎの 長さの 直線を ひきましょう。 　　　　　　1つ6点【12点】

① 7cm

┌はじめの 点
・

② 9cm8mm

・

5 □に あてはまる 長さの たんいを 書きましょう。 　　　　　　1つ4点【12点】

① えんぴつの 長さ ……………………… 15 □

② 100円玉の あつさ ……………… 2 □

③ ふでばこの よこの 長さ …… 22 □

6 下の ㋐と ㋑の 線の 長さを くらべます。
　　　　　　しき8点、答え8点【32点】

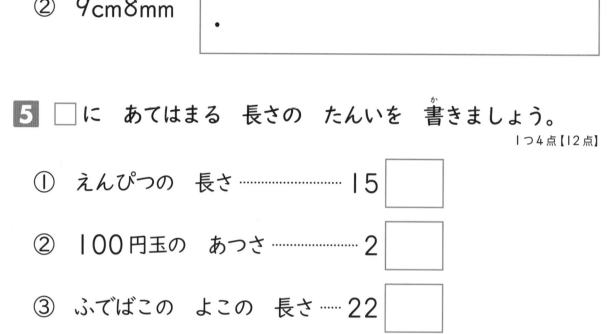

① ㋐の 線の 長さは 何cm何mmですか。
　（しき）

　　　　　　　　　　　　　　　　答え _____

② ㋐の 線は、㋑の 線より 何cm何mm 長いですか。
　（しき）

　　　　　　　　　　　　　　　　答え _____

20　　　　　　　　　　　　　　　　答え ▶ 87ページ

10 実力アップ　長　さ

1 長い　ほうに　○を　つけましょう。　　　　　1つ4点【24点】

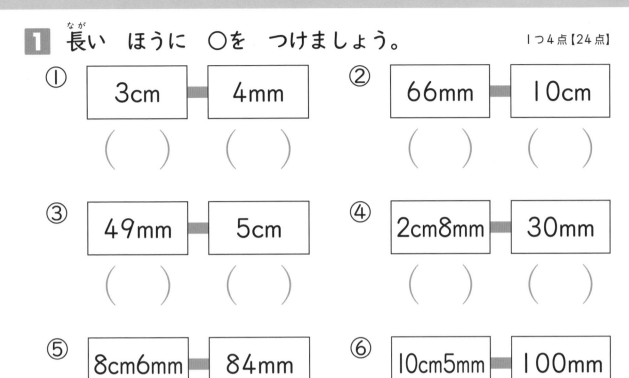

① 3cm ─ 4mm
（　　　）　　（　　　）

② 66mm ─ 10cm
（　　　）　　（　　　）

③ 49mm ─ 5cm
（　　　）　　（　　　）

④ 2cm8mm ─ 30mm
（　　　）　　（　　　）

⑤ 8cm6mm ─ 84mm
（　　　）　　（　　　）

⑥ 10cm5mm ─ 100mm
（　　　）　　（　　　）

2 下の　形の　中で、まわりの　長さが　12cmの　ものを
ぜんぶ　見つけて、記ごうで　答えましょう。
ぜんぶできて【18点】

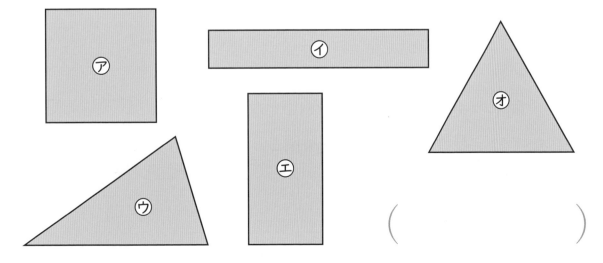

ア　イ　オ　ウ　エ

（　　　　　　　　）

3 長さの 計算を しましょう。

① 9mm＋5mm＝ ☐ cm ☐ mm

② 1cm4mm＋8mm＝ ☐ cm ☐ mm

③ 3cm6mm＋5cm7mm＝ ☐ cm ☐ mm

④ 1cm3mm－8mm＝ ☐ mm

⑤ 5cm5mm－1cm7mm＝ ☐ cm ☐ mm

⑥ 8cm－2cm4mm＝ ☐ cm ☐ mm

4 よこが 8cm2mm、たてが 4cm6mmの 色紙が あります。

しき7点、答え7点【28点】

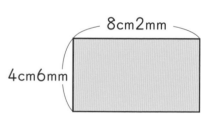

① よこの 長さは、たての 長さより 何cm何mm 長いですか。
（しき）

答え _____

② 同じ 色紙を 右のように ならべると、たての 長さは 何cm何mmに なりますか。
（しき）

答え _____

答え ▶ 88ページ

100を こえる 数①

1 ぼうの 数を 数字で 書きましょう。

1つ5点【15点】

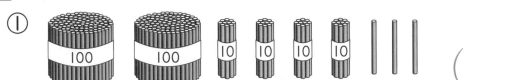

① ( )

② ( )

③ ( )

2 つぎの 数を 数字で 書きましょう。

1つ5点【25点】

① 五百八十四

② 七百六十

( )   ( )

③ 100を 6こ、10を 3こ、1を 8こ あわせた 数

( )

④ 100を 8こと 1を 7こ あわせた 数

( )

⑤ 百のくらいが 4、十のくらいが 9、一のくらいが 0の 数

( )

3 □に あてはまる 数を 書きましょう。　1つ5点【20点】

① 10を 40こ あつめた 数は ☐ です。

② 10を 68こ あつめた 数は ☐ です。

③ 370は、10を ☐ こ あつめた 数です。

④ 800は、10を ☐ こ あつめた 数です。

4 □に あてはまる 数を 書きましょう。　1つ5点【20点】

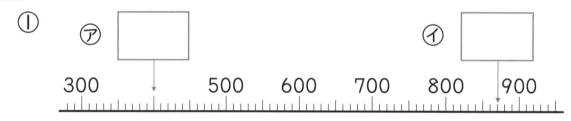

① ⑦ ☐　　⑦ ☐
300　　500　600　700　800　900

② ⑦ ☐　　⊥ ☐
993　994　995　　997　998　999

5 □に あてはまる ＞、＜を 書きましょう。　1つ5点【20点】

① 403 ☐ 398　　② 695 ☐ 686

③ 786 ☐ 789　　④ 902 ☐ 910

答え ▶ 88ページ

1 紙の 数を 数字で 書きましょう。　　　1つ4点【8点】

① 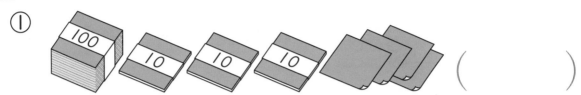　（　　　　　）

② 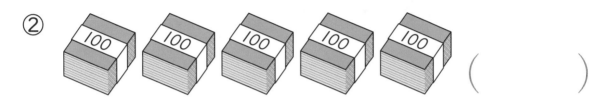　（　　　　　）

2 □に あてはまる 数を 書きましょう。　　　1つ5点【30点】

① 100を 5こ、10を 2こ、1を 9こ あわせた

数は □ です。

② 100を 7こと 1を 5こ あわせた 数は

□ です。

③ 307は、100を □ こと 1を □ こ

あわせた 数です。(ぜんぶできて5点)

④ 100を 10こ あつめた 数は □ です。

⑤ 10を 62こ あつめた 数は □ です。

⑥ 910は、10を □ こ あつめた 数です。

3 □に あてはまる 数を 書きましょう。　　　□1つ4点【24点】

①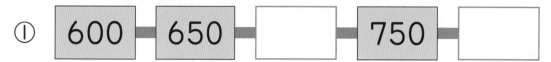

600 | 650 | | 750 |

②

| 380 | 390 | 400 |

③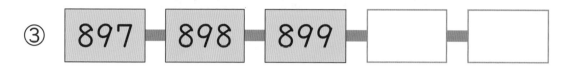

897 | 898 | 899 | |

4 つぎの 数を 書きましょう。　　　1つ4点【8点】

① 500より 10 大きい 数　　　(　　　　　　)

② 1000より 100 小さい 数　　　(　　　　　　)

5 つぎの 数を、大きい じゅんに 書きましょう。　　　【6点】
（879、798、897）

(　　　　　、　　　　　、　　　　　)

6 計算を しましょう。　　　1つ4点【24点】

① 90+50　　　　② 60+70

③ 80+60　　　　④ 150−90

⑤ 140−70　　　　⑥ 120−40

13 100を こえる 数

実力アップ

月　日　15分

とく点

点

1 計算を しましょう。　　　　　　　　　　1つ3点【36点】

① 500＋200　　　　② 200＋400

③ 600＋300　　　　④ 300＋500

⑤ 900＋100　　　　⑥ 400＋600

⑦ 500－300　　　　⑧ 700－600

⑨ 600－200　　　　⑩ 900－400

⑪ 800－400　　　　⑫ 1000－700

2 たし算を しましょう。　　　　　　　　　1つ2点【16点】

① 300＋60　　　　② 400＋30

③ 50＋800　　　　④ 730＋20

⑤ 520＋60　　　　⑥ 200＋7

⑦ 600＋5　　　　⑧ 8＋900

27

3 ひき算を しましょう。 1つ2点【16点】

① $280-80$ ② $450-50$

③ $390-90$ ④ $710-10$

⑤ $380-50$ ⑥ $890-20$

⑦ $508-8$ ⑧ $605-5$

4 □に あてはまる 数を 書きましょう。 1つ4点【24点】

① $500+\boxed{}=800$ ② $700-\boxed{}=300$

③ $500+\boxed{}=590$ ④ $700+\boxed{}=704$

⑤ $860-\boxed{}=800$ ⑥ $903-\boxed{}=900$

5 さとみさんは 900円 もって います。600円の 本を 買うと、 のこりは いくらに なりますか。

しき4点、答え4点【8点】

（しき）

答え _____

答え ▶ 89ページ

1 つぎの　水の　かさは　どれだけですか。 1つ4点【20点】

①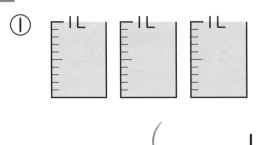

（　　　　　　L）

②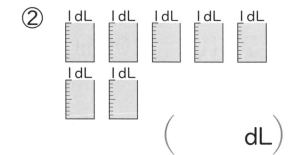

（　　　　　dL）

③

（　　　L　　　dL）

④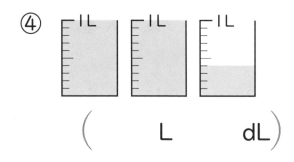

（　　　L　　　dL）

⑤

（　　　L　　　dL）

2 □に　あてはまる　<ruby>数<rt>かず</rt></ruby>を　<ruby>書<rt>か</rt></ruby>きましょう。 1つ4点【24点】

① 1L=□dL

② 1L=□mL

③ 1dL=□mL

④ 1L5dL=□dL

⑤ 30dL=□L

⑥ 6dL=□mL

29

3 □に あてはまる ＞、＜、＝を 書きましょう。

1つ5点【20点】

① 1L8dL □ 20dL　　② 32dL □ 3L2dL

③ 1L □ 200mL　　④ 80mL □ 8dL

4 □に あてはまる かさの たんいを 書きましょう。

1つ4点【12点】

① コップに 入る ジュースの かさ ……………… 3 □

② バケツに 入る 水の かさ ………………… 5 □

③ ペットボトルに 入る お茶の かさ …… 600 □

5 水が やかんに 2L6dL、水とうに 1L2dL 入って
います。

しき6点、答え6点【24点】

① 水の かさは、あわせて 何L何dLですか。
　（しき）

　　　　　　　　　　　　　　　　答え ＿＿＿＿＿＿＿＿

② やかんの 水の ほうが、何L何dL 多いですか。
　（しき）

　　　　　　　　　　　　　　　　答え ＿＿＿＿＿＿＿＿

答え ▶ 89ページ

1 つぎの　水の　かさは　どれだけですか。㋐、㋑の
あらわし方で　答えましょう。

1つ4点【16点】

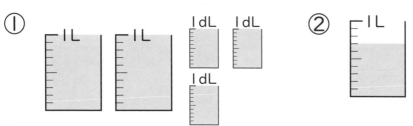

① 1L　1L　1dL　1dL　1dL

② 1L

㋐　(　　　　L　　　dL)

㋐　(　　　　　　　dL)

㋑　(　　　　　　　dL)

㋑　(　　　　　　　mL)

2 □に　あてはまる　数を　書きましょう。

1つ4点【16点】

① 5L =｜　　　｜dL

② 28dL =｜　　｜L｜　　｜dL

③ 400mL =｜　　｜dL

④ 10dL =｜　　　｜mL

3 かさが　いちばん　多い　ものは　どれですか。記ごうで
答えましょう。

1つ5点【10点】

① ㋐　1L　　㋑　900mL　　㋒　12dL

(　　　)

② ㋐　500mL　　㋑　3L　　㋒　25dL

(　　　)

4 かさの 計算を しましょう。　　　　　1つ5点【30点】

① 2L4dL＋3L＝ ☐ L ☐ dL

② 1L2dL＋2L7dL＝ ☐ L ☐ dL

③ 9dL＋6dL＝ ☐ L ☐ dL

④ 5L9dL－3dL＝ ☐ L ☐ dL

⑤ 3L7dL－1L4dL＝ ☐ L ☐ dL

⑥ 2L－8dL＝ ☐ L ☐ dL

5 牛にゅうが 1L5dL、こう茶が 7dL あります。

しき7点、答え7点【28点】

① 牛にゅうと こう茶の かさの ちがいは 何dLですか。
（しき）

答え ＿＿＿＿＿＿＿＿＿＿

② 牛にゅうと こう茶を ぜんぶ まぜて、ミルクティーを 作ります。ミルクティーは 何L何dL できますか。
（しき）

答え ＿＿＿＿＿＿＿＿＿＿

答え ▶ 89ページ

16 たし算②

1 計算を しましょう。　　　　　　　　1つ4点【48点】

① 　54
　　＋84

② 　90
　　＋67

③ 　63
　　＋43

④ 　97
　　＋34

⑤ 　86
　　＋56

⑥ 　92
　　＋89

⑦ 　75
　　＋85

⑧ 　58
　　＋67

⑨ 　83
　　＋27

⑩ 　74
　　＋28

⑪ 　32
　　＋68

⑫ 　96
　　＋　8

2 □の 中に、ひっ算で しましょう。　　　1つ5点【15点】

① 93＋54

② 47＋96

③ 7＋93

3 つぎの　計算が　正しければ　○を、まちがって　いれば、
正しい　答えを　（　）に　書きましょう。

1つ5点【15点】

①
```
   9 6
+  2 0
─────
 1 2 6
```
（　　　　　）

②
```
   3 4
+  8 6
─────
 1 2 0
```
（　　　　　）

③
```
   7 5
+  3 7
─────
 1 0 2
```
（　　　　　）

4　よしみさんは、65円の　チョコレートと、74円の
おかしを　買います。

　　だい金は　いくらに　なりますか。

しき5点、答え5点【10点】

（しき）

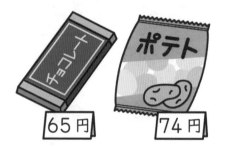

65円　　74円

答え＿＿＿＿＿＿＿＿＿＿＿

5　ゆうたさんは、本を　きのうまでに　85ページ　読みました。
今日　27ページ　読むと、読みおわるそうです。

　　ゆうたさんの　読んで　いる　本は、ぜんぶで　何ページ
ありますか。

しき6点、答え6点【12点】

（しき）

答え＿＿＿＿＿＿＿＿＿＿＿

答え ▶ 90ページ

17 たし算②

1 □に あてはまる 数を 書きましょう。　□1つ3点【27点】

①
```
   8 5
+  4 □
─────
 1 2 9
```

②
```
   □ 5
+  8 0
─────
 1 1 5
```

③
```
   9 5
+  □ 7
─────
 1 4 2
```

④
```
   7 □
+  8 6
─────
 1 □ 4
```

⑤
```
   □ 7
+  9 □
─────
 1 6 0
```

⑥
```
   6 □
+  □ 5
─────
 1 0 2
```

2 計算を しましょう。　1つ4点【12点】

①
```
   2 4 2
+    5 4
```

②
```
   4 1 3
+    5 7
```

③
```
   6 0 6
+    7 8
```

3 計算を しましょう。　1つ4点【12点】

①
```
   5 2
   5 4
+  6 3
```

②
```
   7 4
   2 6
+  3 2
```

③
```
   4 9
   9 5
+  3 8
```

35

4 □の　中に、ひっ算で　しましょう。　　　　　　　　　　　1つ5点【15点】

① 26+70+52　② 63+38+24　③ 87+37+28

5 28+7の　計算を　ひっ算を　つかわずに　します。

□に　あてはまる　数を　書きましょう。　　　　　　1つ2点【4点】

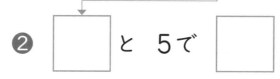

❶ 28と　2で □

❷ □ と　5で □

（ぜんぶできて2点）

6 ひっ算を　つかわずに　計算しましょう。　　　　　1つ3点【30点】

① 28+2　　　② 41+9

③ 5+35　　　④ 4+56

⑤ 39+3　　　⑥ 56+7

⑦ 69+5　　　⑧ 4+39

⑨ 8+45　　　⑩ 9+59

答え ▶ 90ページ

18 ひき算②

きほん

1 計算を しましょう。

1つ4点【48点】

①　　117
　　－　52

②　　129
　　－　97

③　　107
　　－　60

④　　144
　　－　95

⑤　　173
　　－　86

⑥　　125
　　－　47

⑦　　130
　　－　84

⑧　　131
　　－　37

⑨　　114
　　－　38

⑩　　102
　　－　47

⑪　　100
　　－　63

⑫　　104
　　－　　6

2 □の 中に、ひっ算で しましょう。

1つ4点【12点】

① 129－79

② 115－66

③ 106－8

3 つぎの 計算が 正しければ ○を、まちがって いれば、
正しい 答えを （　）に 書きましょう。

1つ4点【12点】

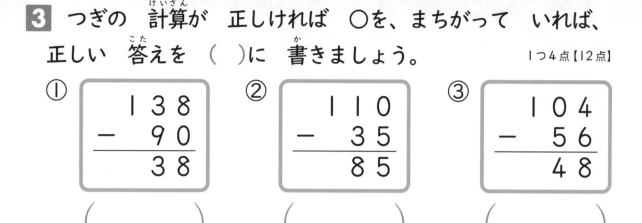

①

```
  1 3 8
-   9 0
  3 8
```

（　　　　　　）

②

```
  1 1 0
-   3 5
  8 5
```

（　　　　　　）

③

```
  1 0 4
-   5 6
  4 8
```

（　　　　　　）

4 けんたさんは　160円　もって　います。75円の
けしゴムを　買うと、のこりは　いくらに　なりますか。

しき4点、答え4点【8点】

（しき）

答え _____

5 画用紙と　色画用紙が、あわせて　142まい　あります。
画用紙は　73まいです。
　色画用紙は、何まい　ありますか。

しき4点、答え4点【8点】

（しき）

答え _____

6 ゼリーは　78円、アイスクリームは　105円です。
　どちらが　いくら　高いですか。

しき6点、答え6点【12点】

（しき）

答え _____

答え ▶ 90ページ

1 □に　あてはまる　数を　書きましょう。　　□1つ3点【30点】

①
```
    1 7 8
  －   9 □
  ─────────
      8 3
```

②
```
    1 2 6
  － □ 1
  ─────────
      7 5
```

③
```
    1 3 0
  －   9 □
  ─────────
    □   5
```

④
```
    1 1 5
  － □ 9
  ─────────
      2 □
```

⑤
```
    1 □ 3
  －   6 □
  ─────────
      8 6
```

⑥
```
    1 3 □
  － □ 8
  ─────────
      5 2
```

2 計算を　しましょう。　　1つ4点【24点】

①
```
    1 6 9
  －   3 2
```

②
```
    5 7 8
  －   5 0
```

③
```
    3 7 3
  －   2 5
```

④
```
    2 5 0
  －   3 2
```

⑤
```
    6 9 2
  －   3 6
```

⑥
```
    4 6 3
  －   5 7
```

3 43−8の 計算を ひっ算を つかわずに します。

□に あてはまる 数を 書きましょう。　　　　　1つ3点【6点】

43−8

40　3

❶ 40から 8を ひいて □

❷ □ と 3で □

（ぜんぶできて3点）

4 ひっ算を つかわずに 計算しましょう。　　　　1つ3点【18点】

① 30−6　　　　　　② 50−3

③ 23−8　　　　　　④ 42−4

⑤ 36−7　　　　　　⑥ 63−6

5 105−7の 計算を ひっ算を つかわずに します。

□に あてはまる 数を 書きましょう。　　　　　1つ3点【6点】

・7を 5と 2に 分けて ひきます。

❶ 105−5=□　　　❷ □−2=□

（ぜんぶできて3点）

6 ひっ算を つかわずに 計算しましょう。　　　　1つ4点【16点】

① 102−3　　　　　　② 104−6

③ 106−9　　　　　　④ 101−7

答え ▶ 90ページ

20 たし算と ひき算の まとめ

月　日　15分
とく点
点

1 計算を しましょう。

1つ3点【27点】

①
$$24 + 62$$

②
$$19 + 56$$

③
$$54 + 36$$

④
$$56 + 81$$

⑤
$$78 + 49$$

⑥
$$67 + 83$$

⑦
$$26 + 94$$

⑧
$$35 + 67$$

⑨
$$98 + 6$$

2 計算を しましょう。

1つ3点【27点】

①
$$93 - 23$$

②
$$81 - 34$$

③
$$70 - 62$$

④
$$176 - 90$$

⑤
$$114 - 87$$

⑥
$$130 - 58$$

⑦
$$113 - 18$$

⑧
$$102 - 34$$

⑨
$$101 - 9$$

3 □の　中に、ひっ算で　しましょう。 1つ4点【12点】

① 9+97　　② 46−8　　③ 100−73

4 ひまわりの　たねを、きのうは　64こ、今日は　39こ
とりました。 【34点】

① きのうは　今日より　何こ　多く　とりましたか。

しき5点、答え5点【10点】

（しき）

答え _____

② ひまわりの　たねは、ぜんぶで　何こに　なりましたか。

しき6点、答え6点【12点】

（しき）

答え _____

③ とった　ひまわりの　たねを、あした　友だちに　25こ
あげます。

　のこりは　何こに　なりますか。 しき6点、答え6点【12点】

（しき）

答え _____

答え ▶ 91ページ

1 □の 中に、ひっ算で しましょう。　　　　1つ5点【20点】

① 38＋45－27

② 123＋57－46

③ 92－38＋29

④ 382－56＋67

2 □に あてはまる 数を 書きましょう。　　　□1つ3点【30点】

①
```
   □ 6
 + 1 □
 ─────
   8 6
```

②
```
   □ 6
 + 2 □
 ─────
   6 5
```

③
```
   7 □
 + □ 9
 ─────
 1 3 1
```

④
```
   8 □
 - □ 5
 ─────
     9
```

⑤
```
 1 □ 0
 -   7 □
 ───────
     3 6
```

3 つぎの　6つの　数を　1回ずつ　つかい、たし算と
ひき算の　ひっ算を　2つずつ　つくりましょう。　　1つ5点【20点】

| 1 | 2 | 3 | 4 | 8 | 9 |

（たし算）　①

$$+\ \square\square \over \square\square$$

②

$$+\ \square\square \over \square\square$$

（ひき算）　①

$$-\ \square\square \over \square\square$$

②

$$-\ \square\square \over \square\square$$

4 75cmの　2つ分の　長さは　何cmですか。

しき7点、答え7点【14点】

（しき）

答え _____

5 しんじさんの　学校には、2年生が　59人、3年生が
63人　います。そのうち、むしばの　ある　人は　47人
いるそうです。むしばの　ない　人は　何人　いますか。
　1つの　しきに　書いて　もとめましょう。　しき8点、答え8点【16点】

（しき）

答え _____

答え ▶ 91ページ

1 計算を しましょう。　　　1つ3点【36点】

① 2×3　　　　② 4×5

③ 3×1　　　　④ 5×4

⑤ 4×4　　　　⑥ 2×6

⑦ 5×9　　　　⑧ 3×4

⑨ 4×9　　　　⑩ 5×6

⑪ 2×7　　　　⑫ 3×6

2 答えの 大きい ほうに ○を つけましょう。　1つ4点【16点】

① 2×9 ⌒ 5×3　　　② 3×3 ⌒ 2×4
　（　）　（　）　　　　（　）　（　）

③ 5×5 ⌒ 3×9　　　④ 4×7 ⌒ 3×8
　（　）　（　）　　　　（　）　（　）

3 かけ算の しきに 書いて、答えを もとめましょう。

しき4点、答え4点【16点】

① ぜんぶの ケーキの 数

（しき）

答え _____

② ぜんぶの 人数

（しき）

答え _____

4 1こ 5円の あめを 8こ 買います。
だい金は いくらに なりますか。

しき5点、答え5点【10点】

（しき）

答え _____

5 4人ずつ すわれる 長いすが 6つ あります。
みんなで 何人 すわれますか。

しき5点、答え5点【10点】

（しき）

答え _____

6 5cmの 7ばいの 長さは 何cmですか。

しき6点、答え6点【12点】

（しき）

答え _____

答え ▶ 91ページ

月　日　15
分

とく点

点

1 計算を しましょう。　　　1つ4点【48点】

① 9×2　　　　　② 7×3

③ 6×4　　　　　④ 1×3

⑤ 8×3　　　　　⑥ 9×6

⑦ 7×9　　　　　⑧ 8×7

⑨ 1×9　　　　　⑩ 6×9

⑪ 7×4　　　　　⑫ 9×8

2 答えの 大きい ほうに ○を つけましょう。　1つ4点【16点】

① 6×3　8×2
　（　　）　（　　）

② 7×6　9×5
　（　　）　（　　）

③ 6×8　7×7
　（　　）　（　　）

④ 8×8　9×7
　（　　）　（　　）

3 7×8の しきに なる もんだいに ○を つけましょう。【6点】

㋐ （　　　）　みかんが 7こ あります。8こ 買って
くると、ぜんぶで 何こに なりますか。

㋑ （　　　）　みかんを 7人に 8こずつ くばります。
みかんは 何こ あれば よいですか。

㋒ （　　　）　みかんが 7こ 入った ふくろが 8つ
あります。みかんは ぜんぶで 何こ ありますか。

4 キャンディーを、1人に 8こずつ 5人に くばりました。
ぜんぶで 何こ くばりましたか。　しき5点、答え5点【10点】
（しき）

答え _____

5 テーブルが 7つ あります。1つの テーブルの
まわりに 6人ずつ すわると、ぜんぶで 何人
すわれますか。　しき5点、答え5点【10点】
（しき）

答え _____

6 ゆかりさんは、絵はがきを 9まい もって います。
ともみさんは、ゆかりさんの 4ばい もって います。
ともみさんは、絵はがきを 何まい もって いますか。
しき5点、答え5点【10点】

（しき）

答え _____

48
答え ▶ 92ページ

24 かけ算九九

月　日
とく点

点

1 □に あてはまる 数を 書きましょう。　1つ5点【40点】

① 2×□=4

② 5×□=25

③ 3×□=12

④ 6×□=30

⑤ 8×□=72

⑥ 4×□=32

⑦ 9×□=63

⑧ 7×□=42

2 つぎの 数の 中から、7のだんの 九九の 答えを ぜんぶ 見つけて、記ごうで 答えましょう。

ぜんぶできて【20点】

㋐ 12　　㋑ 24　　㋒ 28　　㋓ 48

㋔ 21　　㋕ 54　　㋖ 36　　㋗ 27

㋘ 64　　㋙ 56　　㋚ 72　　㋛ 63

（　　　　　　　　　　　　　　）

3 □に あてはまる 数を 書きましょう。 1つ5点【20点】

① 5×4の 答えは、2×4の 答えと □×4の

答えを たした 数に なります。

② 8×5の 答えは、5×5の 答えと □×5の

答えを たした 数に なります。

③ 2×8の 答えと 4×8の 答えを たした 数は、

□×8の 答えに なります。

④ 3×6の 答えと 6×6の 答えを たした 数は、

□×6の 答えに なります。

4 さらが 6まい あります。いちごを 1さらに 6こずつ

のせて いったら、4こ のこりました。 しき5点、答え5点【20点】

① さらに のせた いちごは、ぜんぶで 何こですか。

（しき）

答え _____

② いちごは、はじめに 何こ ありましたか。

（しき）

答え _____

答え ▶ 92ページ

1 9のだんの 九九に ついて 答えましょう。 1つ5点【15点】

① 9のだんの 九九の ひょうを つくりましょう。

(ぜんぶできて5点)

かける数

	1	2	3	4	5	6	7	8	9
かけられる数 9									

② 9×5の 答えは、9×4の 答えより いくつ 大きいですか。

( )

③ 9のだんでは、かける数が 1 ふえると、答えは いくつ ふえますか。

( )

2 □に あてはまる 数を 書きましょう。 1つ6点【24点】

① 7のだんでは、かける数が 1 ふえると、答えは □ ふえます。

② 4×6の 答えは、4×5の 答えより □ 大きいです。

③ 6×8の 答えは、6×□の 答えより 6 大きいです。

④ 8×□の 答えは、8×3の 答えより 8 大きいです。

3 □に あてはまる 数を 書きましょう。 　　　　　　1つ6点【24点】

① $2 \times 8 = 8 \times \boxed{}$ 　　② $5 \times 9 = 9 \times \boxed{}$

③ $6 \times 4 = \boxed{} \times 6$ 　　④ $7 \times 3 = \boxed{} \times 7$

4 答えが つぎの 数に なる かけ算九九を ぜんぶ
書きましょう。 　　　　　　　　　　　　　1つ7点【21点】

① 8 　　（　　　　　　　　　　　　　　　　）

② 36 　　（　　　　　　　　　　　　　　　　）

③ 21 　　（　　　　　　　　　　　　　　　　）

5 下の ビスケットの 数を、かけ算を つかって
くふうして もとめましょう。 　　　　しき10点、答え6点【16点】

（しき）

答え _____

52

答え ▶ 92ページ

1 □に あてはまる 数を 書きましょう。　1つ5点【10点】

かける数

	1	2	3	4	5	6	7	8	9
2	2	4	6	8	10	12	14	16	18
3	3	6	9	12	15	18	21	24	27
?									

かけられる数

① 2のだんと 3のだんの 答えを たてに たすと、□ のだんの 答えに なります。

② 3のだんと 5のだんの 答えを たてに たすと、□ のだんの 答えに なります。

2 2つの だんの 答えを もとに して、10のだんと 12のだんを つくりましょう。　ぜんぶできて1つ15点【30点】

① 10のだん

かける数

	1	2	3	4	5	6	7	8	9
10									

かけられる数

② 12のだん

かける数

	1	2	3	4	5	6	7	8	9
12									

かけられる数

3 かけ算九九を つかって、つぎの 計算を しましょう。

1つ10点【40点】

① 6×10

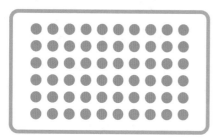

② 4×11

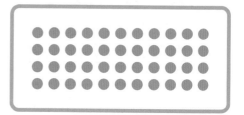

③ 3×13

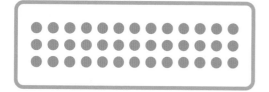

④ 7×12

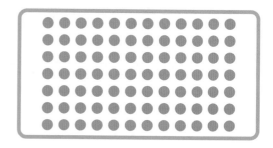

4 ★が 30こ あります。◯で かこんだ ようすを もとに、かけ算の しきに あらわしましょう。

1つ5点【20点】

①

　　　　　　　　=30

②

　　　　　　　　=30

③

　　　　　　　　=30

④

　　　　　　　　=30

答え ▶ 92ページ

きほん

1000を こえる 数①

とく点

点

1 紙の 数を 数字で 書きましょう。　　　　1つ5点【10点】

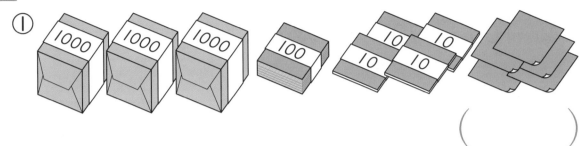

①

（　　　　　　）

②

（　　　　　　）

2 つぎの 数を 数字で 書きましょう。　　　　1つ5点【25点】

① 五千七百八十四　　　　　② 八千二百九

（　　　　　　）　　　　　　　　（　　　　　　）

③ 1000を 2こ、10を 6こ、1を 3こ あわせた 数

（　　　　　　）

④ 1000を 6こ、100を 7こ、10を 4こ
あわせた 数　　　　　　　　　　　　（　　　　　　）

⑤ 千のくらいが 5、百のくらいが 9、十のくらいが 0、
一のくらいが 6の 数　　　　　　　　（　　　　　　）

3 □に あてはまる 数を 書きましょう。　　　　1つ5点【20点】

① 100を 26こ あつめた 数は [　　　　] です。

② 100を 70こ あつめた 数は [　　　　] です。

③ 4100は、100を [　　　] こ あつめた 数です。

④ 9000は、100を [　　　] こ あつめた 数です。

4 □に あてはまる 数を 書きましょう。　　　　1つ5点【25点】

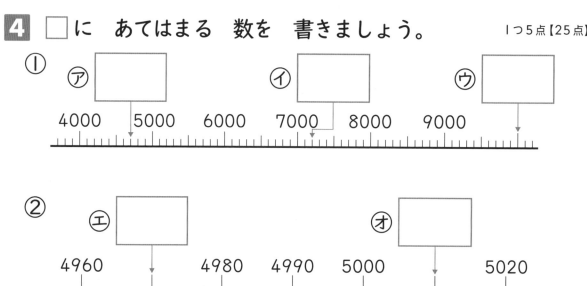

① ⑦ [　　] ⑦ [　　] ⑦ [　　]

4000　5000　6000　7000　8000　9000

② ⑤ [　　] ⑦ [　　]

4960　　4980　4990　5000　　5020

5 □に あてはまる ＞、＜を 書きましょう。　　　　1つ5点【20点】

① 3200 [　] 2987　　② 5783 [　] 5792

③ 7606 [　] 7660　　④ 9807 [　] 9810

答え ▶ 93ページ

きほん

1000を こえる 数②

1 数の 読み方が 正しい ものの 記ごうを 書きましょう。

1つ4点【8点】

① 3208

㋐ 三千二百八十

㋑ 三千二百八

㋒ 三百二十八

(　　　)

② 5006

㋐ 五百六

㋑ 五千六十

㋒ 五千六

(　　　)

2 □に あてはまる 数を 書きましょう。

1つ5点【25点】

① 1000を 3こ、100を 8こ、10を 4こ、

1を 9こ あわせた 数は □ です。

② 7000と 10と 5を あわせた 数は

□ です。

③ 1000を 10こ あつめた 数は □ です。

④ 千のくらいが 4、百のくらいが 0、十のくらいが 6、

一のくらいが 8の 数は □ です。

⑤ 100を 62こ あつめた 数は □ です。

3 □に あてはまる 数を 書きましょう。　　　□1つ4点【24点】

① | 7700 | 7800 | 7900 | | |

② | 5980 | 5990 | | | 6020 |

③ | 3097 | 3098 | 3099 | | |

4 つぎの 数を 書きましょう。　　　1つ5点【15点】

① 8999より 1 大きい 数　　　（　　　　　　　　）

② 5000より 10 小さい 数　　　（　　　　　　　　）

③ 10000より 5 小さい 数　　　（　　　　　　　　）

5 □に あてはまる ＞、＜を 書きましょう。　　　1つ5点【20点】

① 4230 □ 3692　　　② 7083 □ 7105

③ 8990 □ 8909　　　④ 6879 □ 6887

6 つぎの 数を 大きい じゅんに 書きましょう。　　　【8点】

| 5479、4970 |
| 5749、5794 |　　　（　　　、　　　、　　　、　　　）

答え ▶ 93ページ

1000を こえる 数

とく点

月　日　15分

点

1 計算を しましょう。 1つ3点【30点】

① 900＋300　　② 700＋400

③ 800＋800　　④ 500＋700

⑤ 600＋700　　⑥ 800＋900

⑦ 700－400　　⑧ 900－300

⑨ 1000－700　　⑩ 1000－400

2 〈れい〉のように、数の しくみを たし算の しきに あらわしましょう。 1つ3点【12点】

〈れい〉5600＝5000＋600

① 3080＝ ☐ ＋ ☐

② 7002＝ ☐ ＋ ☐

③ 4590＝ ☐ ＋ ☐ ＋ ☐

④ 8104＝ ☐ ＋ ☐ ＋ ☐

3 計算を しましょう。 　　　　　　　　　　　　1つ3点【24点】

① 3000＋600　　　　　② 8000＋200

③ 4000＋50　　　　　④ 7000＋9

⑤ 6400－400　　　　　⑥ 3800－800

⑦ 5070－70　　　　　⑧ 9005－5

4 □に あてはまる ＞、＜、＝を 書きましょう。
　　　　　　　　　　　　　　　　　　　　1つ3点【24点】

① 700＋800 □ 1600　　② 1300 □ 400＋900

③ 800－200 □ 500　　④ 700 □ 1000－200

⑤ 5000＋700 □ 5800　　⑥ 9500 □ 9000＋60

⑦ 8400－400 □ 8000　　⑧ 4004 □ 4040－40

5 0から 9の うち、□に あてはまる 数字を ぜんぶ
書きましょう。 　　　　　　　　　　　　1つ5点【10点】

① 4762＜47□8　　　　② 3946＞□940

　　（　　　　　　　）　　　　（　　　　　　　）

答え ▶ 93ページ

1 □に　あてはまる　数を　書きましょう。　　1つ5点【15点】

① 1mの　ものさしで　3つ分の　長さは □ mです。

② 1mの　ものさしで　5つ分と、あと　60cmの

長さは、□ m □ cmです。

③ 30cmの　ものさしで　3つ分と、あと　20cmの

長さは、□ m □ cmです。

2 □に　あてはまる　数を　書きましょう。　　1つ5点【20点】

① 2m＝ □ cm　　② 4m30cm＝ □ cm

③ 600cm＝ □ m　④ 308cm＝ □ m □ cm

3 長い　ほうを　◯で　かこみましょう。　　1つ5点【30点】

① （2m、30cm）　　② （3m、305cm）

③ （4m、395cm）　④ （2m50cm、246cm）

⑤ （503cm、5m20cm）　⑥ （7m5cm、740cm）

4 ①、②の 長さを はかるには、⑦、①の どちらの ものさしを つかうと よいですか。記ごうで 答えましょう。

1つ4点【8点】

> ⑦ 30cmの ものさし ① 1mの ものさし

① 学校の ろうかの はば　　② えんぴつの 長さ

（　　　）　　　　　　　　　　（　　　）

5 □に あてはまる 長さの たんいを 書きましょう。

1つ5点【15点】

① 家に ある 水そうの よこの 長さ ……… 45 □

② 校しゃの 高さ ……… 18 □

③ 算数の 教科書の あつさ ……… 5 □

6 1m65cmの ぼうを プールに 立てたら、水の 上に 55cm 出ました。

　　プールの 水の ふかさは、何m何cmですか。

しき6点、答え6点【12点】

（しき）

答え _____

答え ▶ 93ページ

31 長い　長さ

1 長さの　たし算を　しましょう。　　　　1つ5点【25点】

① 50cm＋70cm＝ □ m □ cm

② 1m60cm＋30cm＝ □ m □ cm

③ 2m90cm＋60cm＝ □ m □ cm

④ 3m30cm＋1m50cm＝ □ m □ cm

⑤ 2m60cm＋2m80cm＝ □ m □ cm

2 長さの　ひき算を　しましょう。　　　　1つ5点【25点】

① 1m30cm－90cm＝ □ cm

② 2m70cm－30cm＝ □ m □ cm

③ 3m10cm－60cm＝ □ m □ cm

④ 4m90cm－1m40cm＝ □ m □ cm

⑤ 4m20cm－2m50cm＝ □ m □ cm

3 白い テープの 長さは 2m70cm、青い テープの
長さは 80cmです。

しき6点、答え6点【24点】

① 2本の テープの 長さの ちがいは 何m何cmですか。
　（しき）

　　　　　　　　　　　　　　　　　　　　答え ＿＿＿＿＿＿＿＿＿＿

② 2本の テープを つなげると、何m何cmに なりますか。
　（しき）

　　　　　　　　　　　　　　　　　　　　答え ＿＿＿＿＿＿＿＿＿＿

4 たての 長さが 70cm、よこの
長さが 1m60cmの テーブルが
2つ あります。 しき7点、答え6点【26点】

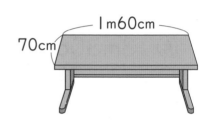

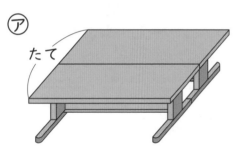 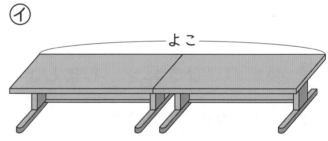

① ㋐のように ならべると、たての 長さは 何m何cmに
なりますか。
　（しき）

　　　　　　　　　　　　　　　　　　　　答え ＿＿＿＿＿＿＿＿＿＿

② ㋑のように ならべると、よこの 長さは 何m何cmに
なりますか。
　（しき）

　　　　　　　　　　　　　　　　　　　　答え ＿＿＿＿＿＿＿＿＿＿

答え ▶ 94ページ

月　日 15
とく点　　　　分
点

1 みかんが　何こか　ありました。17こ　あげたので、
のこりが　28こに　なりました。

みかんは、はじめに　何こ　ありましたか。

①1つ4点、②しき7点、答え7点【22点】

① 図の　□に　あてはまる　数を　書きましょう。

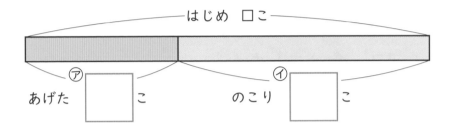

はじめ　□こ

⑦ あげた □ こ　　　⑦ のこり □ こ

② しきを　書いて、答えを　もとめましょう。
（しき）

答え＿＿＿＿＿＿＿＿＿＿

2 校ていに　18人　いました。何人か　来たので、ぜんぶで
24人に　なりました。

後から　何人　来ましたか。

しき7点、答え7点【14点】

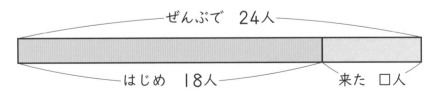

ぜんぶで　24人

はじめ　18人　　　来た　□人

（しき）

答え＿＿＿＿＿＿＿＿＿＿

3 バスに 何人か のって いました。後から 12人
のって きたので、ぜんぶで 40人に なりました。
　　はじめに 何人 のって いましたか。　　しき8点、答え8点【16点】
（しき）

　　　　　　　　　　　　　　　　　　答え _____

4 いちごが 32こ ありました。何こか 食べたので、
のこりが 19こに なりました。
　　いちごを 何こ 食べましたか。　　しき8点、答え8点【16点】
（しき）

　　　　　　　　　　　　　　　　　　答え _____

5 テープを 27cm 切ったので、のこりが 46cmに
なりました。
　　テープは、はじめに 何cm ありましたか。
　　　　　　　　　　　　　　　　しき8点、答え8点【16点】
（しき）

　　　　　　　　　　　　　　　　　　答え _____

6 ゆりさんは 85円 もって いました。店で けしゴムを
買ったので、のこりが 27円に なりました。
　　けしゴムは いくらでしたか。　　しき8点、答え8点【16点】
（しき）

　　　　　　　　　　　　　　　　　　答え _____

答え ▶ 94ページ

1 ぼくじょうに、牛が 29頭 います。馬は、牛より 7頭 多く いるそうです。

馬は、何頭 いますか。

しき7点、答え7点【14点】

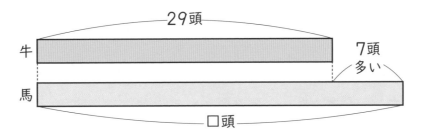

（しき）

答え ＿＿＿＿＿＿＿＿＿＿

2 玉入れを しました。赤組は 43こ 入りました。白組は、赤組より 8こ 少なかったそうです。

白組は、何こ 入りましたか。

しき8点、答え8点【16点】

（しき）

答え ＿＿＿＿＿＿＿＿＿＿

3 青い テープの 長さは 54cmです。白い テープは、青い テープより 28cm 長いです。

白い テープの 長さは、何cmですか。

しき8点、答え8点【16点】

（しき）

答え ＿＿＿＿＿＿＿＿＿＿

4 ジュースが　23本　あります。17人が　1本ずつ
のむと、何本　のこりますか。

しき6点、答え6点【12点】

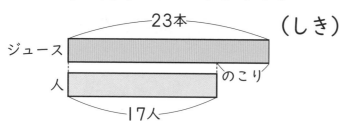

（しき）

答え _____

5 38人に　画用紙を　1まいずつ　くばったら、3まい
のこりました。

　画用紙は、何まい　ありましたか。

しき7点、答え7点【14点】

（しき）

答え _____

6 1れつに　ならんで　います。しんごさんは、前から
16ばんめです。しんごさんの　後ろには　9人　ならんで
います。

　みんなで　何人　ならんで　いますか。

しき7点、答え7点【14点】

（しき）

答え _____

7 自どう車が　1れつに　22台　ならんで　います。赤い
自どう車は　前から　15ばんめです。

　赤い　自どう車の　後ろには、何台　ならんで　いますか。

しき7点、答え7点【14点】

（しき）

答え _____

答え ▶ 94ページ

1 体いくかんに、１年生が　24人　います。１年生は、
２年生より　6人　多く　います。
２年生は、何人　いますか。

しき6点、答え6点【12点】

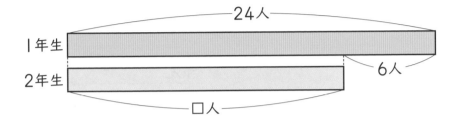

（しき）

答え _____

2 赤い　テープの　長さは　65cmです。赤い　テープは、
白い　テープより　27cm　みじかいです。
白い　テープの　長さは、何cmですか。　　しき7点、答え7点【14点】
（しき）

答え _____

3 ノートは　90円です。ノートは、えんぴつより　15円
高いそうです。
えんぴつは　いくらですか。　　しき7点、答え7点【14点】
（しき）

答え _____

4 子どもが 1れつに ならんで います。ゆみさんは、前から 14ばんめで、後ろから 9ばんめです。

みんなで 何人 ならんで いますか。　　しき6点、答え6点【12点】

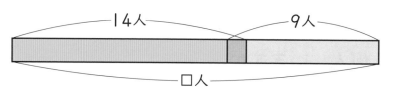

（しき）

答え _____

5 子どもが 1れつに ならんで います。けんじさんの 前に 12人、後ろに 8人 います。

みんなで 何人 ならんで いますか。　　しき8点、答え8点【16点】

（しき）

答え _____

6 1れつに 16人 ならんで います。みゆきさんの 前に 7人 います。

みゆきさんの 後ろには、何人 いますか。　しき8点、答え8点【16点】

（しき）

答え _____

7 1れつに 20人 ならんで います。つよしさんは、前から 11ばんめです。

つよしさんは、後ろから 何ばんめですか。　しき8点、答え8点【16点】

（しき）

答え _____

答え ▶ 95ページ

35 三角形と　四角形

1 下の　図から、三角形と　四角形を　それぞれ　ぜんぶ
見つけて、記ごうで　答えましょう。

1つ8点【16点】

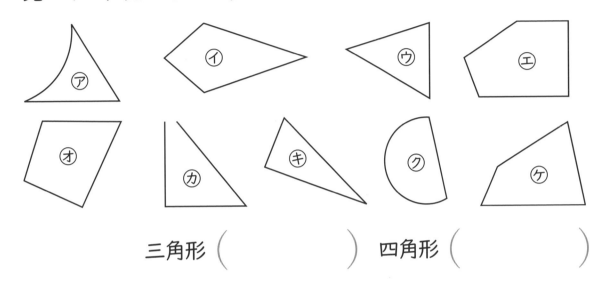

三角形 (　　　　　　　)　　四角形 (　　　　　　　)

2 直角は　どれですか。記ごうで　答えましょう。

【8点】

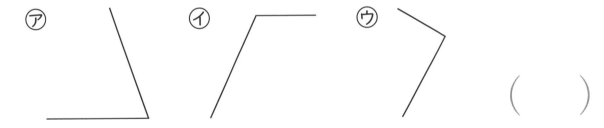

(　　　　　　　)

3 三角形や　四角形で、下の　ア、イの　ところを　何と
いいますか。

1つ8点【16点】

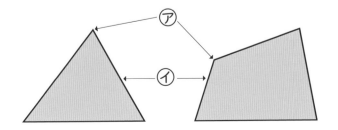

ア (　　　　　　　)

イ (　　　　　　　)

4 下の　図から、長方形、正方形、直角三角形を　見つけて、記ごうで　答えましょう。

1つ8点【24点】

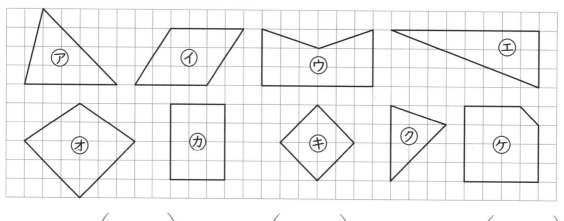

長方形 （　　　　　）　正方形 （　　　　　）　直角三角形 （　　　　　）

5 ⑦、⑦の　へんの　長さは、何cmですか。

1つ8点【16点】

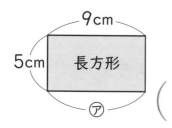

（　　　　　）

7cm

⑦　正方形

（　　　　　）

6 長方形と　正方形の　紙を、------の　ところで　切ると、何と　いう　形が　いくつ　できますか。

1つ10点【20点】

① 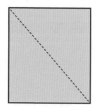　長方形

（　　　　　）

② 　正方形

（　　　　　）

答え ▶ 95ページ

1 下の　形の　紙を　------ の　ところで　切ると、三角形や
四角形は　いくつ　できますか。 1つ7点【28点】

① ②

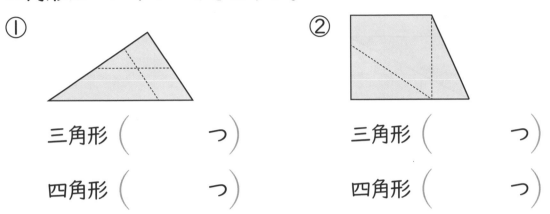

三角形 (　　　　つ) 三角形 (　　　　つ)

四角形 (　　　　つ) 四角形 (　　　　つ)

2 下の　方がんに、つぎの　形を　かきましょう。 1つ8点【24点】

① たて　2cm、よこ　5cmの　長方形

② 1つの　へんの　長さが　4cmの　正方形

③ 直角に　なる　2つの　へんの　長さが　3cmと
5cmの　直角三角形

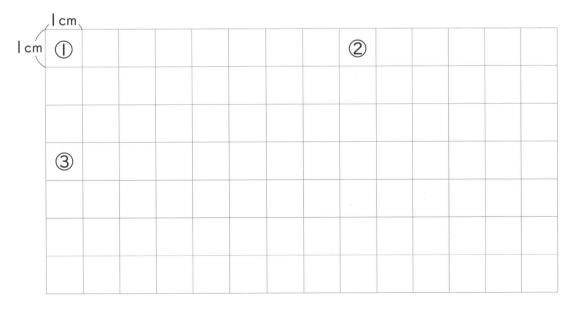

3 下のように 方がんに 直角三角形を かきました。もう
1つ 直角三角形を かいて、つぎの 形を つくりましょう。

1つ8点【32点】

① 長方形

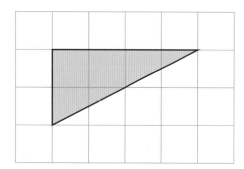

② 正方形

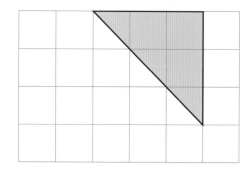

③ 正方形

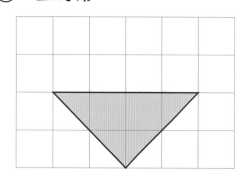

④ 直角三角形

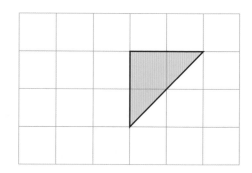

4 下の 長方形と 正方形の まわりの 長さは、それぞれ
何cmですか。

1つ8点【16点】

① 長方形

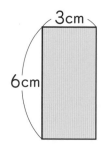

3cm

6cm

② 正方形

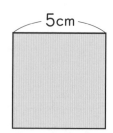

5cm

(   )   (   )

答え ▶ 95ページ

37 きほん はこの 形

1 はこの 形で、㋐〜㋒の ところを 何と いいますか。

1つ6点【18点】

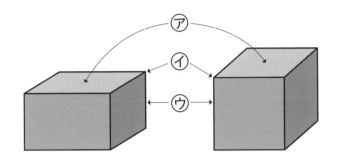

㋐ （　　　　　）

㋑ （　　　　　）

㋒ （　　　　　）

2 右の はこの 形に ついて 答えましょう。

1つ7点【42点】

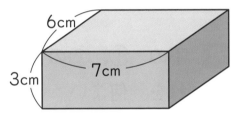

6cm　7cm　3cm

① 面、へん、ちょう点は、それぞれ いくつ ありますか。

面 （　　　　　）　へん （　　　　　）

ちょう点 （　　　　　）

② 面の 形は、何と いう 四角形ですか。

（　　　　　　　　　）

③ 形も 大きさも 同じ 面は、いくつずつ ありますか。

（　　　　　　　　　）

④ 同じ 長さの へんは、いくつずつ ありますか。

（　　　　　　　　　）

3 ひごと ねん土玉を つかって、下のような はこの 形を 作ります。

1つ5点【20点】

① 3cm、4cm、5cmの ひごは、それぞれ 何本 いりますか。

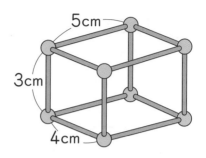

3cmの ひご （　　　　）

4cmの ひご （　　　　）

5cmの ひご （　　　　）

② ねん土玉は 何こ いりますか。

（　　　　）

4 下の ①、②の はこを 作ります。⑦〜⑰の 紙の うち、どれを 何まい つかえば よいですか。

1つ10点【20点】

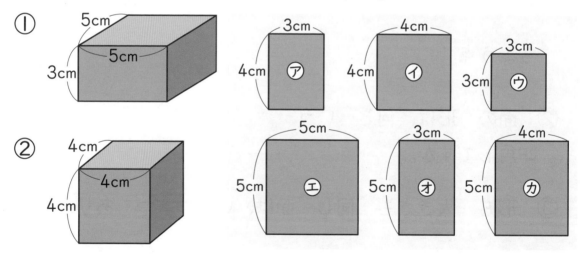

① （　　　　　　　　　　　　　　　　　）

② （　　　　　　　　　　　　　　　　　）

答え ▶ 95ページ

1 色の　ついた　ところが　もとの　大きさの　$\frac{1}{2}$　の　ものは
どれですか。記ごうで　答えましょう。　　　　　　　　【8点】

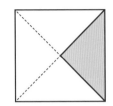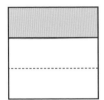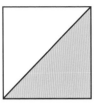

（　　　）

2 色の　ついた　ところは、もとの　大きさの
何分の一ですか。分数で　答えましょう。

1つ6点【18点】

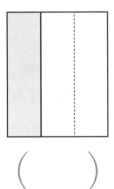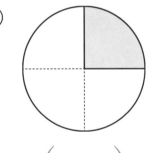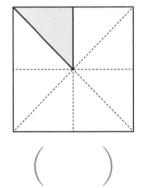

（　　　）　　　　　（　　　）　　　　　（　　　）

3 ①〜③の　テープの　$\frac{1}{4}$　の　大きさに　色を　ぬりましょう。

1つ6点【18点】

①

②

③

77

4 ⑦、④の テープの 長さに ついて 答えましょう。

1つ7点【21点】

① ⑦の 長さは、④の
長さの 何分の一ですか。

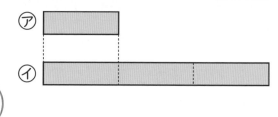

(　　　)

② ④の 長さは、⑦の 長さの 何ばいですか。

(　　　)

③ ⑦の 長さが 4cmの とき、④の 長さは
何cmですか。

(　　　)

5 みかんが 8こと 12こ あります。□に あてはまる
数を 書きましょう。

□1つ7点【35点】

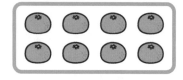 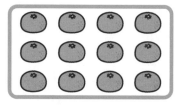

① 8この $\frac{1}{2}$は □ こ、12この $\frac{1}{2}$は □ こです。

② 8この $\frac{1}{4}$は □ こ、12この $\frac{1}{4}$は □ こです。

③ どちらも、$\frac{1}{4}$の 数を □ ばいすると、もとの 数に
なります。

答え ▶ 96ページ

はこの　形、分数

1 方がん紙を　つかって、はこの　形を　作ります。下の
方がん紙に、たりない　面の　形を　かきましょう。　【24点】

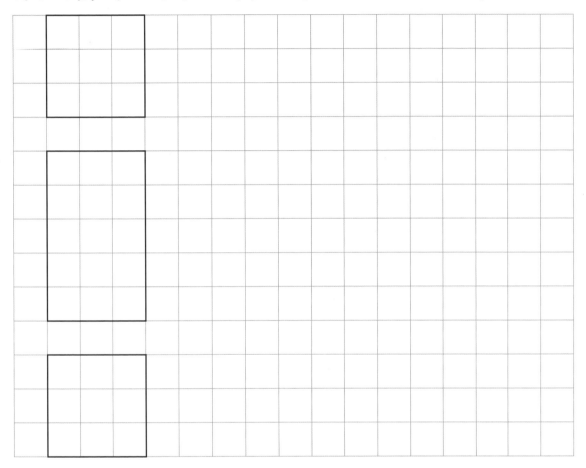

2 右のように　はこに　リボンを
かけます。むすびめに　20cm
つかうと　すると、リボンは　何cm
いりますか。　【20点】

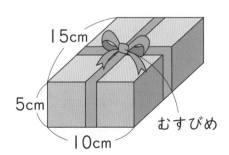

15cm
5cm
10cm
むすびめ

（　　　　　　　）

3 下の ㋐〜㋓の テープの 長さに ついて 答えましょう。

1つ8点【24点】

① ㋐の 長さは、㋑の 長さの 何分の一ですか。

（　　　）

② ㋓の $\frac{1}{2}$ の 長さの テープは どれですか。（　　　）

③ ㋐は、どの テープの $\frac{1}{3}$ の 長さですか。（　　　）

4 つぎの 数や 長さを、かけ算の しきに 書いて
もとめましょう。

しき8点、答え8点【32点】

① もとの 数の $\frac{1}{2}$ が 5この とき、もとの 数は
何こですか。
（しき）

答え _____

② もとの 長さの $\frac{1}{8}$ が 7cmの とき、もとの 長さは
何cmですか。
（しき）

答え _____

答え ▶ 96ページ

月　日　**20**
分
とく点

点

1 □に あてはまる 数を 書きましょう。　　　1つ4点【12点】

① 100を 6こ、10を 2こ、1を 8こ あわせた

数は □ です。

② 10を 37こ あつめた 数は □ です。

③ 1000より 10 小さい 数は □ です。

2 計算を しましょう。　　　1つ4点【16点】

① 70+90

② 800+600

③ 110−30

④ 1000−800

3 計算を しましょう。　　　1つ4点【32点】

①
```
  67
+ 23
```

②
```
  43
+ 28
```

③
```
  49
+ 75
```

④
```
   8
+ 97
```

⑤
```
  72
- 35
```

⑥
```
  90
- 46
```

⑦
```
 163
-  85
```

⑧
```
 106
-  49
```

4 □に あてはまる 数を 書きましょう。　　　　　　　1つ4点【16点】

①　2cm7mm＝ □ mm　　②　4m1cm＝ □ cm

③　3L8dL＝ □ dL　　　④　1L4dL＝ □ mL

5 今の 時こくは 右のようです。つぎの
時こくや 時間を 答えましょう。時こくは、
午前、午後を つかって 書きましょう。

（昼）

　　　　　　　　　　　　　　1つ4点【12点】

①　30分前の 時こく　　（　　　　　　　）

②　1時間後の 時こく　　　　　③　午後2時までの 時間

　　（　　　　　　　）　　　　　　（　　　　　　　）

6 ものさしの 左の はしから ㋐、㋑までの 長さは
何cm何mm ですか。
　　　　　　　　　　　　　　　　　1つ4点【8点】

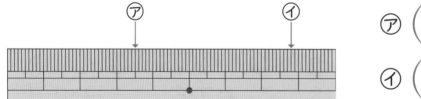

㋐（　　　　　　　）

㋑（　　　　　　　）

7 下の 水の かさは 何L何dL ですか。　　　　　【4点】

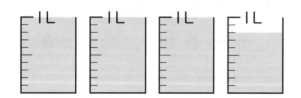

（　　　　　　　）

答え ▶ 96ページ

月　日　**20**
とく点
分
点

1 つぎの　数を　数字で　書きましょう。　　　1つ4点【16点】

① 二千八百四十三　　　　② 九千七

（　　　　　）　　　　　　　　　　（　　　　　）

③ 1000を　4こ、10を　8こ、1を　3こ　あわせた　数

（　　　　　）

④ 100を　57こ　あつめた　数　　　（　　　　　）

2 □に　あてはまる　数を　書きましょう。　　　1つ3点【9点】

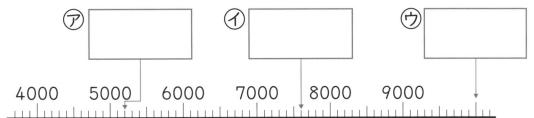

ア（　　　）　イ（　　　）　ウ（　　　）

4000　5000　6000　7000　8000　9000

3 計算を　しましょう。　　　1つ3点【36点】

① 2×8　　② 6×4　　③ 9×3

④ 8×3　　⑤ 3×7　　⑥ 1×1

⑦ 4×9　　⑧ 7×8　　⑨ 5×3

⑩ 8×6　　⑪ 9×6　　⑫ 7×4

4 下の 図から、長方形、正方形、直角三角形を 見つけて、記ごうで 答えましょう。

1つ4点【12点】

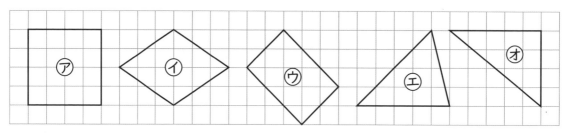

長方形 （　　　　　）　正方形 （　　　　　）　直角三角形 （　　　　　）

5 右の はこの 形に ついて、つぎの 数を 答えましょう。

1つ5点【15点】

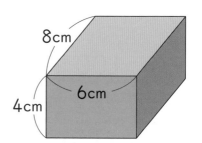

① ちょう点の 数　（　　　　　）

② 6cmの へんの 数　（　　　　　）

③ たて 8cm、よこ 6cmの 長方形の 面の 数

（　　　　　）

6 みかんが 何こか ありました。14こ 食べたので、のこりが 26こに なりました。
　みかんは、はじめに 何こ ありましたか。

しき6点、答え6点【12点】

（しき）

答え＿＿＿＿＿＿＿＿＿＿

答え ▶ 96ページ

答えとアドバイス

▶まちがえた問題は、何度も練習させましょう。
▶アドバイスも参考に、お子さまに指導してあげてください。

1 きほん ひょうと グラフ、時こくと 時間 3~4ページ

1 ①

すきなくだもの	みかん	りんご	いちご	ぶどう	バナナ
人数(人)	5	4	7	5	3

②右の図

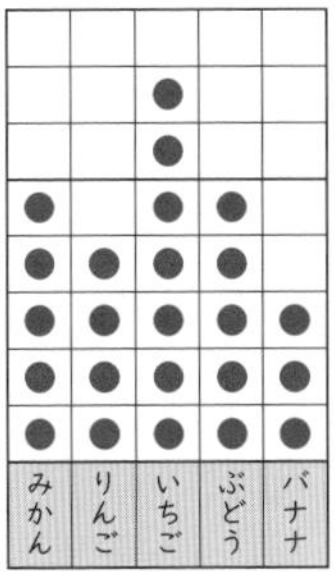

③4人
④いちご

2 ①60　②24
③12

3 ①午前7時20分
②午後4時55分

4 ①5時45分　②7時45分
③6時15分　④7時

アドバイス **1** ①は、重複して数えたり、数え落としたりしないように、印をつけながら数えさせるとよいです。また、③は表を、④はグラフを見るとわかりやすいです。表はそれぞれの数量が、グラフは大小関係がわかりやすいという特徴に気づかせましょう。

4 ③、④は、時計の文字盤の数字のある目盛りをもとにして、5、10、15、…と数えて求めさせるとよいでしょう。

2 実力アップ ひょうと グラフ、時こくと 時間 5~6ページ

1 ①かけっこ　②6人
③水えい　④ダンス

2 ①70　②90　③1、40

3 ①午前9時50分　②40分(間)
③4時間

4 午前9時10分

アドバイス **1** 2つのグラフのどこをどのように見ればよいか、よく考えさせましょう。

3 ③正午までは1時間、正午から午後3時までは3時間なので、あわせて4時間と考えるとよいです。

4 午前9時30分の20分前の時刻を求めることに気づかせましょう。

3 きほん たし算① 7~8ページ

1 ①65　②79　③89
④63　⑤58　⑥87
⑦83　⑧64　⑨82
⑩90　⑪87　⑫50

2 ① $\begin{array}{r} 34 \\ +63 \\ \hline 97 \end{array}$　② $\begin{array}{r} 59 \\ +26 \\ \hline 85 \end{array}$　③ $\begin{array}{r} 6 \\ +64 \\ \hline 70 \end{array}$

3 ①79　②○　③70

4 しき　27+54=81
答え　81本

5 しき　35+9=44
答え　44こ

アドバイス **1** ⑦~⑫は、十の位へ1くり上げます。右のようにくり上げた1を書いて計算させましょう。

⑦ $\begin{array}{r} {}^{1}\;\; \\ 58 \\ +25 \\ \hline 83 \end{array}$

2 位をそろえて書くことが大切です。特に、けた数の違う③は要注意です。

④ 実力アップ たし算① 　9〜10ページ

1 ①5 ②7 ③（上）8、（下）6
④2 ⑤（上）7、（下）6
⑥（上）8、（下）3

2 ①14、36 ②35、13
③29、28 ④38、7

3 アドバイス を参照

4 ⑦と ⑨、⑦と ⑩

5 しき 48+48=96
答え 96円

アドバイス **2** たされる数とたす数の一の位の計算をして、答えの一の位の数になる組を見つければ、効率よく見つけられます。

3 たされる数とたす数や、一の位と十の位の数字を入れかえたりすれば、次のようにいろいろ作れます。

16 +27 43	27 +16 43	26 +17 43	17 +26 43
27 +34 61	34 +27 61	24 +37 61	37 +24 61

⑤ きほん ひき算① 　11〜12ページ

1 ①24 ②62 ③57
④40 ⑤6 ⑥62
⑦44 ⑧47 ⑨78
⑩52 ⑪5 ⑫75

2 ①
87
−74
13
② 58
− 8
50
③ 64
− 7
57

3 ①
97
−63
34
たしかめ 34
+63
97

② 72
− 4
68
たしかめ 68
+ 4
72

4 しき 86−54=32
答え 32本

5 しき 91−34=57
答え 57本

アドバイス **1** ⑦〜⑫は、くり下がりがあります。右のようにくり下げた後の数を書いて計算させましょう。

⑦
　5
63
−19
44

3 ひき算の答えの確かめは、ひき算の答えにひく数をたして、ひかれる数になるかどうかで確かめます。

⑥ 実力アップ ひき算① 　13〜14ページ

1 ①2 ②6 ③（上）2、（下）4
④7 ⑤（上）9、（下）3
⑥（上）3、（下）2

2 ①56、16 ②97、83
③91、65 ④60、24

3 アドバイス を参照

4 しき 80−52=28
答え 28だん

5 しき 92−88=4
答え 東スーパーが 4円 やすい。

アドバイス **3** ひく数と答えを入れかえたり、ひく数の一の位の数と答えの一の位の数を入れかえたりすれば、次のようにいろいろ作れます。

82 −69 13	82 −13 69	82 −63 19	82 −19 63
91 −68 23	91 −23 68	91 −28 63	91 −63 28

1 ①16、24　②13、30
　③30、54　④40、53

2 ①④と　⊕　②⑦と　⊕

3 ①44　②39　③49　④56
　⑤49　⑥77　⑦59　⑧64

4 しき　17+6+14=37
　答え　37まい

5 しき　35+18+12=65
　答え　65まい

◯アドバイス　**2** 答えが同じになる
2つの式を見比べさせ、たし算では
たす順序を変えても答えは同じにな
ることに気づかせましょう。

3 たして何十になる2つの数を見つ
け、先に計算します。

4、**5** 式は、「17+(6+14)」のよ
うに、( )を使ってもよいです。

1 ①84　②69　③87
　④75　⑤81　⑥70
　⑦91　⑧72　⑨90

2
① 　16
　　40
　+42
　　98

② 　23
　　37
　+25
　　85

③ 　19
　　59
　+14
　　92

3
①　 48　　 72
　+24　 -42
　　72　　 30

②　 77　　 96
　+19　 -37
　　96　　 59

③　 80　　 57
　-23　 +16
　　57　　 73

④　 71　　 44
　-27　 -36
　　44　　　8

4 ⑦と　⑰

5 ①53　②54　③50　④41

◯アドバイス　**1** 3つの数のたし算
は、このように筆算でできることを
理解します。

3 どの場合も一度に計算できません。
左から順に計算します。

4 答えが同じになる⑦、⑰から、3
つの数のひき算では、順にひいても
まとめてひいても答えは同じになる
ことに気づかせましょう。

5 どれも、まとめてひいたほうが簡
単に計算できます。
① 63-(8+2)=63-10=53

1 ①6cm5mm　②10cm2mm

2 ①9cm5mm　②95mm

3 ①20　②54　③4　④7、8

4 省略(はかって確かめてください。)

5 ①cm　②mm　③cm

6 ①しき　5cm+2cm5mm
　　　　=7cm5mm
　答え　7cm5mm
　②しき　7cm5mm-6cm
　　　　=1cm5mm
　答え　1cm5mm

◯アドバイス　**1** ②は、テープの左
端がものさしのめもりの1cmのと
ころにあることに注意させましょう。

2、**6** 測定時、1mm程度の誤差は
正解としてください。

1 ①左に○　②右に○　③右に○
　　④右に○　⑤左に○　⑥左に○

2 ㋐、㋔、㋕

3 ①1cm4mm　②2cm2mm
　　③9cm3mm　④5mm
　　⑤3cm8mm　⑥5cm6mm

4 ①しき　8cm2mm−4cm6mm
　　　　　＝3cm6mm
　　答え　3cm6mm
　　②しき　4cm6mm+4cm6mm
　　　　　＝9cm2mm
　　答え　9cm2mm

●アドバイス　**2** まわりの長さは、辺の長さをはかり、たして求めます。

3 mmの計算でくり上がりやくり下がりがあるときは、それぞれ2通りの計算のしかたがあります。
　②〈計算のしかた①〉
　　　4mm+8mm=12mm
　　　　　　　＝1cm2mm
　　1cmと1cm2mmで2cm2mm
　　〈計算のしかた②〉
　　　1cm4mm=14mmだから、
　　　14mm+8mm=22mm
　　　22mm=2cm2mm
　⑤〈計算のしかた①〉
　　　5cm5mmを4cmと1cm5mmに
　　分けて、
　　　4cm−1cm=3cm
　　　1cm5mm−7mm=8mm
　　　3cmと8mmで、3cm8mm
　　〈計算のしかた②〉
　　　単位をmmにそろえて計算する。

---

1 ①243　②410　③307

2 ①584　②760　③638
　　④807　⑤490

3 ①400　②680　③37　④80

4 ①㋐400　㋑870
　　②㋒996　㋓1000

5 ①>　②>　③<　④<

●アドバイス　**4** ①まず、いちばん小さい1めもりがいくつになっているかを読み取ることが大切です。

5 大小を表す記号>、<は、大>小、小<大と、大きいほうに開いて書くことに注意させましょう。

---

1 ①134　②500

2 ①529　②705　③3、7
　　④1000　⑤620　⑥91

3 ①700、800　②370、410
　　③900、901

4 ①510　②900

5 897、879、798

6 ①140　②130　③140
　　④60　⑤70　⑥80

●アドバイス　**3** ①は50ずつ、②は10ずつ、③は1ずつ大きくなっています。

6 「10が何個」と、10を単位として計算します。
　①10が、9+5で14個
　　10が14個で、140
　④10が、15−9で6個
　　10が6個で、60

⑬ 実力アップ 100を こえる 数

⑬ 実力アップ 100を こえる 数　27~28ページ

1　①700　②600　③900
　　④800　⑤1000　⑥1000
　　⑦200　⑧100　⑨400
　　⑩500　⑪400　⑫300

2　①360　②430　③850
　　④750　⑤580　⑥207
　　⑦605　⑧908

3　①200　②400　③300
　　④700　⑤330　⑥870
　　⑦500　⑧600

4　①300　②400　③90
　　④4　⑤60　⑥3

5　しき　900−600=300
　　答え　300円

⊘アドバイス　1　100を単位として計算します。
　⑤100が、9+1で10個
　　100が10個で、1000
　⑫100が、10−7で3個
　　100が3個で、300

2　数の構成（何百といくつ）をもとにしたたし算です。④、⑤は、十の位を計算して、何百とあわせます。
　④730+20…❶30+20で50
　　700 30　❷700と50で
　　　　　　　750

3　2と同様に、数の構成をもとにしたひき算です。⑤、⑥は、十の位を計算して、何百とあわせます。

⑭ きほん か さ　29~30ページ

1　①3L　②7dL　③1L2dL
　　④2L4dL　⑤1L3dL

2　①10　②1000　③100
　　④15　⑤3　⑥600

3　①<　②=　③>　④<

4　①dL　②L　③mL

5　①しき　2L6dL+1L2dL
　　　　　=3L8dL
　　答え　3L8dL
　　②しき　2L6dL−1L2dL
　　　　　=1L4dL
　　答え　1L4dL

⊘アドバイス　1　④1Lますの1めもりは、1Lを10個に分けた1つ分なので1dLであることを理解させましょう。

⑮ 実力アップ か さ　31~32ページ

1　①⑦2L3dL　①23dL
　　②⑦7dL　①700mL

2　①50　②2、8
　　③4　④1000

3　①⑦　②①

4　①5L4dL　②3L9dL
　　③1L5dL　④5L6dL
　　⑤2L3dL　⑥1L2dL

5　①しき　1L5dL−7dL
　　　　　=8dL
　　答え　8dL
　　②しき　1L5dL+7dL
　　　　　=2L2dL
　　答え　2L2dL

⊘アドバイス　3　単位をdLにそろえて比べるとよいです。

4　dLの計算でくり上がりやくり下がりがあるときは、長さの計算と同じように考えて計算させましょう。

16 きほん たし算② 33~34ページ

1 ①138 ②157 ③106
④131 ⑤142 ⑥181
⑦160 ⑧125 ⑨110
⑩102 ⑪100 ⑫104

2 ① 9 3　② 4 7　③ 　 7
　＋5 4　＋9 6　＋9 3
　1 4 7　1 4 3　1 0 0

3 ①116 ②0 ③112

4 しき 65+74=139
　答え 139円

5 しき 85+27=112
　答え 112ページ

アドバイス　百の位にくり上がるたし算の筆算の学習です。

17 実力アップ たし算② 35~36ページ

1 ①4 ②3 ③4
④(上)8、(下)6
⑤(上)6、(下)3
⑥(上)7、(下)3

2 ①296 ②470 ③684

3 ①169 ②132 ③182

4 ① 　2 6　② 　6 3　③ 　8 7
　　　7 0　　　3 8　　　3 7
　　＋5 2　　＋2 4　　＋2 8
　　1 4 8　　1 2 5　　1 5 2

5 ❶30 ❷30、35

6 ①30 ②50 ③40 ④60
⑤42 ⑥63 ⑦74 ⑧43
⑨53 ⑩68

18 きほん ひき算② 37~38ページ

1 ①65 ②32 ③47 ④49
⑤87 ⑥78 ⑦46 ⑧94
⑨76 ⑩55 ⑪37 ⑫98

2 ① 1 2 9　② 1 1 5　③ 1 0 6
　－ 　7 9　－ 　6 6　－ 　 　8
　 　　5 0　 　　4 9　 　　9 8

3 ①48 ②75 ③0

4 しき 160-75=85
　答え 85円

5 しき 142-73=69
　答え 69まい

6 しき 105-78=27
　答え アイスクリームが 27円
　　　高い。

アドバイス　百の位からくり下がるひき算の筆算の学習です。

1 ⑩~⑫は、一の位の計算で百の位からくり下げます。くり下げるしくみに合わせて、右のように補助数字を書いて計算させましょう。

⑩
　　 9
　　10
　１0 2
　－ 4 7
　　 5 5

19 実力アップ ひき算② 39~40ページ

1 ①5 ②5 ③(上)5、(下)3
④(上)8、(下)6
⑤(上)5、(下)7
⑥(上)0、(下)7

2 ①137 ②528 ③348
④218 ⑤656 ⑥406

3 ❶32 ❷32、35

4 ①24 ②47 ③15
④38 ⑤29 ⑥57

5 ❶100 ❷100、98

6 ①99 ②98 ③97 ④94

アドバイス　6 5のように、まず端数をひいて100にし、100から残りの数をひきます。

20 きほん たし算と ひき算の まとめ 41~42ページ

1 ①86 ②75 ③90
④137 ⑤127 ⑥150
⑦120 ⑧102 ⑨104

2 ①70 ②47 ③8
④86 ⑤27 ⑥72
⑦95 ⑧68 ⑨92

3

①
```
    9
 +97
 106
```
②
```
   46
 −  8
   38
```
③
```
  100
 − 73
   27
```

4 ①しき 64−39=25
　　答え 25こ
②しき 64+39=103
　　答え 103こ
③しき 103−25=78
　　答え 78こ

❶アドバイス 4 場面を読み取り、たし算とひき算のどちらで求めたらよいか、よく考えさせましょう。

21 実力アップ たし算と ひき算の まとめ 43~44ページ

1
①
```
   38        83
 +45       −27
   83        56
```
②
```
  123       180
 + 57      − 46
  180       134
```
③
```
   92        54
 −38       +29
   54        83
```
④
```
  382       326
 − 56      + 67
  326       393
```

2 ①（上）7、（下）0
②（上）3、（下）9
③（上）2、（下）5
④（上）4、（下）7
⑤（上）1、（下）4

3 **❶アドバイス** を参照

4 しき 75+75=150
　答え 150cm

5 しき 59+63−47=75
　答え 75人

❶アドバイス 3 それぞれ、次の中から2つ書いてあれば正解です。

32 +49 81	49 +32 81	42 +39 81	39 +42 81
81 −49 32	81 −32 49	81 −42 39	81 −39 42

22 きほん かけ算九九① 45~46ページ

1 ①6 ②20 ③3 ④20
⑤16 ⑥12 ⑦45 ⑧12
⑨36 ⑩30 ⑪14 ⑫18

2 ①2×9に○ ②3×3に○
③3×9に○ ④4×7に○

3 ①しき 2×5=10
　　答え 10こ
②しき 4×3=12
　　答え 12人

4 しき 5×8=40
　答え 40円

5 しき 4×6=24
　答え 24人

6 しき 5×7=35
　答え 35cm

❶アドバイス 3~6 「1つ分の数」と「いくつ分」をとらえて、かけ算の式に表すことが大切です。

91

23 きほん かけ算九九② 47~48ページ

1　①18　②21　③24　④3
　　⑤24　⑥54　⑦63　⑧56
　　⑨9　⑩54　⑪28　⑫72

2　①6×3に○　②9×5に○
　　③7×7に○　④8×8に○

3　⑰に○

4　しき　8×5=40
　　答え　40こ

5　しき　6×7=42
　　答え　42人

6　しき　9×4=36
　　答え　36まい

24 実力アップ かけ算九九 49~50ページ

1　①2　②5　③4　④5
　　⑤9　⑥8　⑦7　⑧6

2　⑰、⑳、㋙、㋸

3　①3　②3　③6　④9

4　①しき　6×6=36
　　　答え　36こ
　　②しき　36+4=40
　　　答え　40こ

!アドバイス　3　次のようなきまり
が成り立つことを理解させましょう。

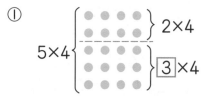
①
5×4{　｝2×4
　　　｝3×4

25 きほん 九九の　ひょうと　きまり 51~52ページ

1　①9、18、27、36、45、54、
　　63、72、81　②9　③9

2　①7　②4　③7　④4

3　①2　②5　③4　④3

4　①1×8、8×1、2×4、4×2
　　②4×9、9×4、6×6
　　③3×7、7×3

5　しき　5×7=35、2×3=6
　　　　35-6=29
　　答え　29こ(まい)

!アドバイス　5　求め方は、ほかに
もいろいろあります。

26 実力アップ 九九の　ひょうと　きまり 53~54ページ

1　①5　②8

2　①
（例）

	1	2	3	4	5	6	7	8	9
2	2	4	6	8	10	12	14	16	18
8	8	16	24	32	40	48	56	64	72
10	10	20	30	40	50	60	70	80	90

②
（例）

	1	2	3	4	5	6	7	8	9
5	5	10	15	20	25	30	35	40	45
7	7	14	21	28	35	42	49	56	63
12	12	24	36	48	60	72	84	96	108

3　①60　②44　③39　④84

4　①5×6　②6×5
　　③10×3　④15×2

!アドバイス　2　ほかの2つの段の
組み合わせでもよいです。

3　次のようにして求められます。
①6×10
〈求め方①〉　6×9 =54
　　　　　　6×10=60　　6大きい

〈求め方②〉　　6×10

6×8=48、6×2=12
48+12=60

㉗ きほん 1000を こえる 数① 55~56ページ

1 ①3145 ②4020

2 ①5784 ②8209 ③2063
④6740 ⑤5906

3 ①2600 ②7000
③41 ④90

4 ①㋐4700 ㋑7200 ㋒10000
②㋓4970 ㋔5010

5 ①＞ ②＜ ③＜ ④＜

アドバイス 1、2 下のような位取りの表を作って数字を書きこむと、間違いを防ぐことができます。

2②

千	百	十	一
8	2	0	9

八千 二百 九

㉘ きほん 1000を こえる 数② 57~58ページ

1 ①㋑ ②㋒

2 ①3849 ②7015 ③10000
④4068 ⑤6200

3 ①8000、8100
②6000、6010
③3100、3101

4 ①9000 ②4990 ③9995

5 ①＞ ②＜ ③＞ ④＜

6 5794、5749、5479、4970

アドバイス 3 ①は100ずつ、②は10ずつ、③は1ずつ大きくなっています。

㉙ 実力アップ 1000を こえる 数 59~60ページ

1 ①1200 ②1100 ③1600
④1200 ⑤1300 ⑥1700
⑦300 ⑧600 ⑨300

⑩600

2 ①3000、80 ②7000、2
③4000、500、90
④8000、100、4

3 ①3600 ②8200 ③4050
④7009 ⑤6000 ⑥3000
⑦5000 ⑧9000

4 ①＜ ②＝ ③＞ ④＜
⑤＜ ⑥＞ ⑦＝ ⑧＞

5 ①6、7、8、9
②1、2、3

アドバイス 2 数の構成を考えて式に表すように指導してください。

5 □に、一方と同じ位の数字を入れて考えさせましょう。

㉚ きほん 長い 長さ 61~62ページ

1 ①3 ②5、60 ③1、10

2 ①200 ②430 ③6 ④3、8

3 （◯で囲むもの）
①2m ②305cm
③4m ④2m50cm
⑤5m20cm ⑥740cm

4 ①㋑ ②㋐

5 ①cm ②m ③mm

6 しき 1m65cm−55cm
　　　＝1m10cm
答え 1m10cm

アドバイス 1 ③30cmのものさし3つ分の長さは90cmで、あと20cmだから、全体の長さは110cmです。1m＝100cmより、110cm＝1m10cmと考えます。

3 単位をcmにそろえて比べるとよいです。

31 実力アップ 長い 長さ   63~64ページ

1. ①1m20cm ②1m90cm
   ③3m50cm ④4m80cm
   ⑤5m40cm

2. ①40cm ②2m40cm
   ③2m50cm ④3m50cm
   ⑤1m70cm

3. ①しき 2m70cm−80cm
   　　　　＝1m90cm
   　答え 1m90cm
   ②しき 2m70cm+80cm
   　　　　＝3m50cm
   　答え 3m50cm

4. ①しき 70cm+70cm
   　　　　＝1m40cm
   　答え 1m40cm
   ②しき 1m60cm+1m60cm
   　　　　＝3m20cm
   　答え 3m20cm

アドバイス cmの計算でくり上がりやくり下がりがあるときは、次のように計算するとよいです。

1. ③2m90cm+60cm
   90cm+60cm＝150cm
   150cm＝1m50cm
   2mと1m50cmで3m50cm

2. ③3m10cm−60cm
   3m10cmを2mと1m10cm
   に分けて、
   1m10cm−60cm＝50cm
   2mと50cmで2m50cm

32 きほん たし算と ひき算の 文しょうだい①   65~66ページ

1. ①⑦17 ⑦28

---

②しき 17+28＝45
　答え 45こ

2. しき 24−18＝6
　答え 6人

3. しき 40−12＝28
　答え 28人

4. しき 32−19＝13
　答え 13こ

5. しき 27+46＝73
　答え 73cm

6. しき 85−27＝58
　答え 58円

アドバイス 3~6 図に表して考えさせましょう。図に表せば、部分を求めるときはひき算に、全体を求めるときはたし算になることがよくわかります。

33 きほん たし算と ひき算の 文しょうだい②   67~68ページ

1. しき 29+7＝36
　答え 36頭

2. しき 43−8＝35
　答え 35こ

3. しき 54+28＝82
　答え 82cm

4. しき 23−17＝6
　答え 6本

5. しき 38+3＝41
　答え 41まい

6. しき 16+9＝25
　答え 25人

7. しき 22−15＝7
　答え 7台

アドバイス 図に表して考えさせることが大切です。

34 実力アップ たし算と ひき算の 文しょうだい 69~70ページ

1 しき　24−6=18

　　答え　18人

2 しき　65+27=92

　　答え　92cm

3 しき　90−15=75

　　答え　75円

4 しき　14+9−1=22

　　答え　22人

5 しき　12+1+8=21

　　答え　21人

6 しき　16−7−1=8

　　答え　8人

7 しき　20−11+1=10

　　答え　10ばんめ

！アドバイス　**4**〜**7**　図に表し、基準となる人が示された数の中に含まれるかどうか、考えさせましょう。式は、2つに分けて書いてもよいです。また、「−1」や「+1」の位置は、上の答えと違っていてもよいです。

35 きほん 三角形と 四角形 71~72ページ

1 三角形…ⓦ、ⓚ

　　四角形…ⓘ、ⓞ、⓺

2 ⓦ

3 ⑦ちょう点　⑦へん

4 長方形…ⓚ　正方形…ⓚ

　　直角三角形…ⓔ

5 ⑦9cm　⑦7cm

6 ①直角三角形が　2つ

　　②直角三角形が　4つ

！アドバイス　**2**　三角定規の直角のかどを当てて調べさせましょう。

36 実力アップ 三角形と 四角形 73~74ページ

1 ①三角形…1つ　四角形…3つ

　　②三角形…2つ　四角形…1つ

2 （例）

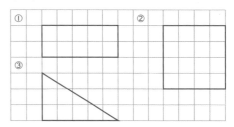

3
①　②
③　④

4 ①18cm　②20cm

！アドバイス　**2**　かく位置や向きは上の答えと違っていてもよいです。

37 きほん はこの 形 75~76ページ

1 ⑦面　⑦ちょう点　⑦へん

2 ①面…6つ　へん…12

　　ちょう点…8つ

　　②長方形　③2つずつ

　　④4つずつ

3 ①3cmの　ひご…4本

　　4cmの　ひご…4本

　　5cmの　ひご…4本

　　②8こ

4 ①ⓔを　2まい、ⓞを　4まい

　　②ⓘを　6まい

！アドバイス　**4**　①の箱の上下の面は正方形なので、まわりの4つの面は、すべて同じ大きさの長方形です。

38 分数　77~78ページ

1　ウ

2　①$\frac{1}{3}$　②$\frac{1}{4}$　③$\frac{1}{8}$

3　①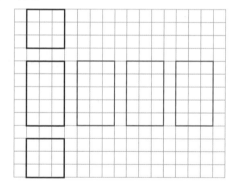

4　①$\frac{1}{3}$　②3ばい　③12cm

5　①4、6　②2、3　③4

アドバイス　3　もとの大きさが違うと、$\frac{1}{4}$の大きさも違ってくることに気づかせましょう。

39 はこの　形、分数　79~80ページ

1　(例)

2　90cm

3　①$\frac{1}{2}$　②イ　③ウ

4　①しき　5×2=10
　　答え　10こ
　②しき　7×8=56
　　答え　56cm

アドバイス　1　上下の面は正方形なので、まわりの面は同じ大きさの長方形になります。

2　それぞれの面を通る長さをたすと、

15+5+15+5+10+5+10+5
=70(cm)

　結びめに20cm使うので、使うリボンの長さは、70+20=90(cm)

40 まとめテスト①　81~82ページ

1　①628　②370　③990

2　①160　②1400　③80　④200

3　①90　②71　③124　④105
　⑤37　⑥44　⑦78　⑧57

4　①27　②401
　③38　④1400

5　①午後1時5分
　②午後2時35分　③25分(間)

6　㋐3cm5mm　㋑7cm8mm

7　3L8dL

アドバイス　4　②は、400cmと1cmで401cm、④は、1000mLと400mLで1400mLです。

5　①、②今の時刻は昼の1時35分なので、「午後」をつけて答えます。

41 まとめテスト②　83~84ページ

1　①2843　②9007
　③4083　④5700

2　㋐5200　㋑7600　㋒10000

3　①16　②24　③27
　④24　⑤21　⑥1
　⑦36　⑧56　⑨15
　⑩48　⑪54　⑫28

4　長方形…ウ　正方形…ア
　直角三角形…オ

5　①8(つ)　②4(つ)　③2(つ)

6　しき　14+26=40
　答え　40こ

96